固城湖水域保护研究

郭刘超 主编

中国水利水电出版社
www.waterpub.com.cn
·北京·

内 容 提 要

本书以数十年固城湖水域保护监测数据为基础，从水空间、水资源、水生态、水动力等方面进行研究，结合多年来固城湖管理、工程实施等情况，分析其形态、水文、水质、水生动植物、水动力等变化特征，提出保护与治理措施，精研细磨，久久为功，奋力绘就水清岸美、鱼鹭翔集、人水和谐的幸福固城湖绿色画卷。

本书基础资料翔实，内容全面系统，具有较强的学术性和实用性，既可以作为致力于湖泊水域保护与治理领域的科研、技术和管理人员参考用书，也可以作为高等院校高年级相关专业学生的学习参考用书。

图书在版编目（CIP）数据

固城湖水域保护研究 / 郭刘超主编. -- 北京：中国水利水电出版社，2023.7
ISBN 978-7-5226-1567-7

Ⅰ. ①固… Ⅱ. ①郭… Ⅲ. ①固城湖－水域－环境保护－研究 Ⅳ. ①X524

中国国家版本馆CIP数据核字(2023)第112618号

书　　名	**固城湖水域保护研究** GUCHENG HU SHUIYU BAOHU YANJIU
作　　者	郭刘超　主编
出版发行	中国水利水电出版社 （北京市海淀区玉渊潭南路1号D座　100038） 网址：www.waterpub.com.cn E-mail：sales@mwr.gov.cn 电话：（010）68545888（营销中心）
经　　售	北京科水图书销售有限公司 电话：（010）68545874、63202643 全国各地新华书店和相关出版物销售网点
排　　版	中国水利水电出版社微机排版中心
印　　刷	天津嘉恒印务有限公司
规　　格	170mm×240mm　16开本　9.5印张　186千字
版　　次	2023年7月第1版　2023年7月第1次印刷
定　　价	**68.00元**

凡购买我社图书，如有缺页、倒页、脱页的，本社营销中心负责调换
版权所有·侵权必究

本书编委会

主　编：郭刘超

副主编：王　俊　胡晓东

委　员：王春美　苏雨艳　陈黎明　徐季雄
　　　　陆晓平　吴沛沛　丰　叶　尹子龙
　　　　赵小平　李志清

前言

河湖是水资源的重要载体,是生态系统和国土空间的重要组成部分,事关防洪、供水、生态安全。空间完整、功能完好、生态环境优美的河湖水域,是最普惠的民生福祉和公共资源。党的十八大以来,习近平总书记提出"节水优先、空间均衡、系统治理、两手发力"的治水思路,作出一系列重要讲话指示批示,确立国家"江河战略",为加强河湖水域保护提供了根本遵循和行动指南。

2022年5月,水利部出台《关于加强河湖水域岸线空间管控的指导意见》;随后,水利部联合公安部制定《关于加强河湖安全保护工作的意见》,针对妨碍河湖防洪行洪安全,非法侵占水域,破坏水资源、水生态、水环境和水工程,非法采砂等难点堵点,全面加强两部合作,构建人水和谐的河湖水域空间保护格局,对于维护河湖管理秩序、提升河湖治理水平、全面提升国家水安全保障能力具有重要意义。

江苏省地处长江、淮河、沂沭泗流域下游,河湖众多,水系发达,省内水域面积占其国土面积的16.9%。江苏省高度重视河湖水域空间管理和保护工作,江苏省人民政府于2020年6月颁布《江苏省水域保护办法》,明确规定"水行政主管部门应当会同有关部门对本行政区域的水域面积、水文、利用状况等进行动态监测,建立健全水域监测体系,每两年开展一次水域调查评价,评估水域状况,向社会公布";"省水行政主管部门负责组织流域性河道、省管湖泊及大中型水库的水域调查评价",并提出"采取有效措施,确保本行政区域水域面积不减少、水域功能不衰退"的水域保护目标;"县级以上地方人民政府及其有关部门应当鼓励水域保护的科学研究"。因此,加强河湖水域保护，开展科学研究，促进河湖的健康发展和资源的可持续利用，是当前一项重大而紧迫的战略任务。

固城湖又名小南湖，属青弋江、水阳江水系，孕育了底蕴深厚的吴楚文化，滋养了生生不息的"江南圣地"。它是高淳区重要的集中式饮用水水源地，是高淳区人民赖以生存的"母亲湖"，于2005年被列为江苏省湖泊保护名录，在调蓄洪水、提供水资源、维护生物多样性等方面有不可替代的作用。

近年来，受旅游开发等人类活动的影响，固城湖水资源、水环境承载力不断增大，固城湖的水域状况和可持续发展受到社会各界不同程度的重视与关注。为全面、准确地了解固城湖的水域状况，提高全社会关注、爱护、保护固城湖的意识，江苏省水利科学研究院石臼湖固城湖课题组于2013—2021年对固城湖开展了水生态监测及健康评估，并从2021年起承担了固城湖的水域状况监测评估工作，累计工作成果为本书的主要参考依据。

全书共分10章。第1章基本概况和监测内容；第2章形态和水文特征研究；第3章水质与营养状况特征研究；第4章水生高等植物群落特征研究；第5章浮游植物群落特征研究；第6章浮游动物群落特征研究；第7章底栖动物群落特征研究；第8章渔业资源管理和鱼类群落特征研究；第9章水动力与水质模拟研究；第10章结论与展望。

本书编写得到了江苏省水利厅、江苏省秦淮河水利工程管理处、江苏省水文水资源勘测局、中国科学院南京地理与湖泊研究所、南京工业大学、南京水利科学研究院、南京市高淳区两湖（石臼湖、固城湖）管理中心等单位领导和专家的鼎力支持与帮助，在此一并衷心感谢。此外，向常年奋战在一线的监测人员表示崇高的敬意！

虽然编者在写作过程中力求叙述准确、完善，但由于水平有限，书中难免存在不足之处，敬请各位读者和同行专家批评指正，共同提高本书的编写质量。

编者

2022年10月

目录

前言

第1章　基本概况和监测内容 ································· 1
　1.1　基本概况 ··· 1
　1.2　监测内容 ·· 12

第2章　形态和水文特征研究 ································ 15
　2.1　形态特征研究 ··· 15
　2.2　水文特征研究 ··· 17

第3章　水质与营养状况特征研究 ························· 21
　3.1　水体样品采集和评价方法 ······························ 21
　3.2　水体理化特征研究 ······································· 22
　3.3　沉积物分布特征研究 ···································· 46
　3.4　多年湖区水体营养状态变化趋势研究 ·············· 47

第4章　水生高等植物群落特征研究 ····················· 49
　4.1　样品采集方法 ··· 49
　4.2　水生高等植物种类组成 ································ 49
　4.3　水生高等植物生物量与盖度的空间分布研究 ····· 51
　4.4　水生高等植物特征历史变化研究 ···················· 54

第5章　浮游植物群落特征研究 ···························· 59
　5.1　样品采集与评价方法 ···································· 59
　5.2　浮游植物种属组成 ······································· 60
　5.3　浮游植物密度的时空分布研究 ······················· 64
　5.4　浮游植物群落多样性研究 ····························· 67
　5.5　浮游植物历史变化研究 ································ 70

第 6 章　浮游动物群落特征研究 …………………………………………… 73
　6.1　样品采集与评价方法 ………………………………………………… 73
　6.2　浮游动物种属组成 …………………………………………………… 73
　6.3　浮游动物密度和生物量的时空动态分布研究 ……………………… 76
　6.4　浮游动物群落多样性研究 …………………………………………… 79
　6.5　浮游动物历史变化研究 ……………………………………………… 81

第 7 章　底栖动物群落特征研究 …………………………………………… 86
　7.1　样品采集与评价方法 ………………………………………………… 86
　7.2　底栖动物种属组成 …………………………………………………… 86
　7.3　底栖动物密度和生物量的时空分布研究 …………………………… 88
　7.4　底栖动物群落多样性研究 …………………………………………… 94
　7.5　底栖动物历史变化研究 ……………………………………………… 96

第 8 章　渔业资源管理和鱼类群落特征研究 ……………………………… 100
　8.1　渔业资源管理 ………………………………………………………… 100
　8.2　鱼类群落特征研究 …………………………………………………… 104
　8.3　鱼类历史变化研究 …………………………………………………… 109

第 9 章　水动力与水质模拟研究 …………………………………………… 110
　9.1　退圩还湖实施内容 …………………………………………………… 110
　9.2　退圩还湖前后水动力与水质变化模拟研究 ………………………… 114

第 10 章　结论与展望 ………………………………………………………… 134
　10.1　结论 …………………………………………………………………… 134
　10.2　展望 …………………………………………………………………… 135

参考文献 …………………………………………………………………… 139

第1章

基本概况和监测内容

1.1 基本概况

1.1.1 固城湖历史成因

固城湖与石臼湖、丹阳湖等本为一湖即（古）丹阳湖，亦称（古）丹阳大泽，是我国古代五大湖泊之一。由于中生代燕山运动后期的断裂作用，溧高背斜西北翼断裂下沉，产生丹阳大洼地，形成湖盆雏形。皖南青弋江、水阳江水注入该洼地后泄长江。由于江河泥沙不断沉积，在洼地西部形成三角洲并逐渐发展，致使入江水道被堵碍，泄流不畅，约在全新世早期，遂潴积而成（古）丹阳湖[1]。唐代大诗人李白曾泛舟湖面，极目远眺，湖上云气缭绕，时而风波浩荡，时而碧波万顷，遂豁然开释，豪情迸发，题作《姑孰十咏·丹阳湖》。尔后，（古）丹阳湖由于泥沙继续淤积，在入湖江口形成新的三角洲，首先将南缘封淤，分化而成固城湖（图1.1）。

姑孰十咏·丹阳湖

[唐] 李白

湖与元气连，风波浩难止。

天外贾客归，云间片帆起。

龟游莲叶上，鸟宿芦花里。

少女棹轻舟，歌声逐流水。

图1.1 固城湖水域

1.1.2 固城湖自然特征

固城湖地处江苏省南京市西南部，位于东经118°53′～118°57′，北纬31°14′～31°18′之间，为草型浅水湖泊，湖底高程为5.60～6.20m（吴淞基面高程，下同）。由于多年围垦，湖泊形态已发生重大变化，由原来的心形隔离成为两个湖区，分别为大湖区和小湖区，大湖区面积约为小湖区的8～10倍[2]。

固城湖保护范围面积40.91km²，蓄水保护面积37.44km²，岸线长度43.50km，主要功能为防洪、供水、生态、渔业、航运、文化、旅游等[3]，具体自然特征见表1.1。

表1.1　　　　　　　　固城湖自然特征表

基本特征	地理位置：东经118°53′～118°57′，北纬31°14′～31°18′
	行政区划：高淳区（江苏省）、宣州区（安徽省）
	保护范围面积40.91km²，蓄水保护面积37.44km²，岸线长度43.50km
	主要通湖河道有水碧桥河、官溪河、胥河、漆桥河、石固湖等
水文特征	正常蓄水位9.50m，生态水位7.00m，设计洪水位12.50m
	多年平均年降水量1212.2mm，多年平均年水面蒸发量850mm

1.1.3 固城湖水系

固城湖位于南京市西南部，为长江下游青弋江、水阳江流域的调蓄性湖泊之一，也是区域汇水的主要调蓄湖泊和入江通道。汇水区北部为低岗山丘区，东部以茅山余脉为分水岭，南部以云山、塔山等山峦为分水岭，西部与水阳江之间为平原圩区，地势低平，属于冲积平原水网圩区，没有严格的排水分区，大致以中线为界。固城湖主要出入湖河道有水碧桥河、官溪河、石固河、漆桥河、胥河等[4]。

1.1.4 固城湖水域和岸线功能区

1. 固城湖水域功能区划分

固城湖水域划为保护区，包括固城湖饮用水水源地一级、二级保护区，固城湖中华绒螯蟹国家级水产种质资源保护区，高淳固城湖水资源县级自然保护区核心区、缓冲区，湖区行水通道。保留区、控制利用区、开发利用区本次未涉及，见表1.2。

2. 固城湖岸线功能区划分

固城湖岸线划定保护区岸段7个，主要为出入湖河口涉及行水通道保护的岸段和固城湖水资源自然保护区一级管控区涉及的岸段；划定保留区岸段6个，主要为近岸带生态修复岸段和暂无开发利用需求的岸段；划定控制利用区岸段7个，主要为高淳城区、临湖村庄等现状已利用或将要开发利用需控制强度和方式的岸段。开发利用区本次未涉及，岸线功能区划分明细见表1.3。

表1.2　　　　　　　固城湖水域功能区划分明细表

市（地）级行政区	县级行政区	功能区类型	范围
南京市	高淳区	保护区	西南至水碧桥河樟树桥，东南至苏皖界，西北至官溪河襟湖桥，东北至漆桥河口、胥河固城桥

表1.3　　　　　　　固城湖岸线功能区划分明细表

序号	市（地）级行政区	县级行政区	功能区类型	起止位置
1	南京市	高淳区	保护区	苏皖界（西）—四园线段
2	南京市	高淳区	保留区	四园线段—永胜圩苍溪排涝站
3	南京市	高淳区	保留区	永胜圩苍溪排涝站—固城湖大桥段（南）
4	南京市	高淳区	保护区	固城湖大桥段（南）—官溪河口
5	南京市	高淳区	控制利用区	官溪河口—春天里广场
6	南京市	高淳区	控制利用区	春天里广场—黄泥闸站
7	南京市	高淳区	保护区	黄泥闸站（西）
8	南京市	高淳区	保护区	黄泥闸站（东）—沙滩
9	南京市	高淳区	控制利用区	沙滩—现状陀头路段
10	南京市	高淳区	控制利用区	现状陀头路—退圩还湖东侧新老堤防顺接位置
11	南京市	高淳区	保护区	退圩还湖东侧新老堤防顺接位置—漆桥河口段（西）
12	南京市	高淳区	保护区	漆桥河口（东）—胥河口段（北）
13	南京市	高淳区	保护区	胥河口段（南）—石山桥以北0.72km
14	南京市	高淳区	保留区	石山桥以北0.72km—石山桥段
15	南京市	高淳区	控制利用区	石山桥—花联圩排涝站段
16	南京市	高淳区	保留区	花联圩排涝站段—花联村段
17	南京市	高淳区	控制利用区	花联村段
18	南京市	高淳区	保留区	花联村—吴家村
19	南京市	高淳区	控制利用区	吴家村段
20	南京市	高淳区	保留区	吴家村—苏皖界（东）

1.1.5 固城湖主要控制建筑物

固城湖及出入湖河道控制建筑物主要有水碧桥闸站、蛇山抽水站、杨家湾水利枢纽、黄泥闸站、茅东闸、下坝船闸等。

1. 水碧桥闸站

水碧桥闸站设计流量为 $100m^3/s$，可有效控制水阳江干流皖南洪水进入固城湖，提高固城湖区域的防洪标准，改善防洪条件，如图 1.2 所示；同时可将水阳江水调入固城湖，将客水利用率提高 1 倍，可有效缓解高淳区农业灌溉、水产养殖用水不足的矛盾。

图 1.2 水碧桥闸站

2. 蛇山抽水站

蛇山抽水站枢纽工程有防洪排涝、发展区域航运、改善固城湖区水质、促进水产养殖等综合效能。石固河是蛇山抽水站的输水河道，沟通石臼湖和固城湖。干旱年份，可通过蛇山抽水站抽石臼湖水并由石固河补给固城湖的方式，为固城周边及高淳西部丘陵提供水源，最大年补水量 6500 万 m^3，平均年补水量 3000 万～4000 万 m^3。防洪排涝时，可抽排或自排入石臼湖，排除蛇山港流域 $46km^2$ 区间的内涝，如图 1.3 所示。

3. 杨家湾水利枢纽

杨家湾水利枢纽位于官溪河上，沟通固城湖与运粮河（连接石臼湖），由杨家湾节制闸和杨家湾船闸组成，其主要功能为蓄水、通航，汛期排洪，汛后控制水位。节制闸共 5 孔，每孔净宽 8m，总净宽 40m，设计流量 $448m^3/s$。工程于 2011 年 6 月投入运行后，固城湖正常蓄水位由 8.6m 抬高至 9.5m，固城湖蓄水量由 0.76 亿 m³ 增至 1.28 亿 m³，如图 1.4 所示。

图 1.3　蛇山抽水站

图 1.4　杨家湾水利枢纽

4. 黄泥闸站

高淳区黄泥闸站主要作用是防洪挡潮、排水除涝、调节石固河水位，同时兼顾通航，如图 1.5 所示。该工程项目于 2017 年 9 月开工，2018 年 9 月完工。黄泥闸泵站采用泵＋闸＋泵并列布置的形式。泵站总装机流量 $9.8m^3/s$（4 台潜水轴流泵，单泵流量 $2.45m^3/s$）；节制闸净宽 7.8m，闸门为旋转蝶形门；汇水箱涵长 24m，净宽由 25.8m 渐变至 6.53m。

5. 茅东闸

茅东闸位于胥河中段茅东引河上，是分隔水阳江、太湖湖西流域的控制工程，是区域重要的防洪工程，如图 1.6 所示。通过茅东闸引固城湖水作为太湖湖西地区抗旱水源，解决太湖湖西高地旱情，同时与下坝船闸相配套，恢复胥河古航道水上交通。

图 1.5 黄泥闸站

图 1.6 茅东闸

茅东闸建于 1958—1960 年。1987 年，在闸下（东侧方向）200m 处又新建茅东安全闸一座，闸下形成梯级水位差，提高茅东闸闸身防渗、抗滑稳定安全。2009 年，原茅东闸重建，规模为：建筑物级别为Ⅰ级，按 50 年一遇（洪水重现期）设计，100 年一遇校核；引水流量 $Q=85\text{m}^3/\text{s}$；闸孔总净宽为 12m，分 3 孔，单孔净宽 4m；设计上下游水头差 9.5m。

6．下坝船闸

下坝船闸位于东坝镇胥河段，主要作用为恢复太湖流域、秦淮河流域和青弋江、水阳江流域的航运，缩短绕道长江的航程，同时兼有挡洪功能。

下坝船闸于1991年建成并投入使用，Ⅴ级船闸标准，闸室长160m，宽14m（上、下闸首口门宽12m），吃水深2.5m，设计上下游水头差9.0m，如图1.7所示。2015年在原船闸南侧140m处建成下坝复线船闸，按三级船闸标准建设，设计最大船舶等级为1000吨级。

图1.7 下坝船闸

1.1.6 固城湖文化与景观

固城湖沿湖文化景观资源丰富，主要有迎湖桃源景区、固城湖水慢城、高淳老街风景区、宝塔公园等。沿湖有开凿至今已2500余年的人工运河胥河、始建于1541年的襟湖桥等[5]。

1.1.7 固城湖重要基础设施

固城湖保护（管理）范围涉及的重要基础设施包括固城湖堤防、高淳自来水厂取水口、芜申航道、固城湖高淳站、固城湖生态观测站、固城湖大桥、花山大桥及其他生活、生产型设施。

1.1.8 固城湖管理情况

1.1.8.1 固城湖管理体制

固城湖为江苏省省管湖泊，遵循实行统一管理与分级管理相结合的管理体制，江苏省水利厅为固城湖的主管机关。为贯彻《江苏省湖泊保护条例》，认真组织实施省政府批复的《江苏省固城湖保护规划》，切实加强固城湖的管理与保护工作，维护湖泊的健康生态，保障江苏省经济社会又好又快发展，2011年8

月23日成立了石臼湖固城湖管理与保护联席会议（以下简称联席会议）。

联席会议的主要职责：在省政府的领导下，贯彻落实《江苏省湖泊保护条例》《江苏省环境保护条例》《江苏省渔业管理条例》等法规，组织固城湖保护规划的实施；向省政府及省水行政等有关主管部门提出固城湖的管理与保护措施和建议；研究并提出固城湖管理与保护的规范和标准；对固城湖管理与保护进行技术指导和服务；协调各地区、各行业涉湖规划；建立固城湖保护管理效果评估机制；协调解决固城湖管理与保护工作中涉及跨地区和跨部门的重要问题；协调各有关部门按照职能分工开展固城湖管理与保护联合行动；参加固城湖保护范围内重大建设项目及重要开发利用项目的研究；协调固城湖保护范围内重大级别以上污染事件的处理；督促指导有关地区和部门开展固城湖管理和保护工作；省政府交办的有关固城湖管理与保护的其他工作。

联席会议成员单位由江苏省水利厅、江苏省发展和改革委员会、江苏省财政厅、江苏省生态环境厅、江苏省海洋与渔业局、江苏省林业局、江苏省秦淮河水利工程管理处，南京市、高淳区、溧水区政府及其市、区水利、环保、林业、渔业部门组成。省水利厅厅长为召集人，各成员单位有关负责同志为联席会议成员。

联席会议下设办公室，负责联席会议的日常工作。联席会议办公室设在江苏省秦淮河水利工程管理处，江苏省秦淮河水利工程管理处主要职能为协助做好固城湖保护、开发、利用和管理的相关工作。

南京市水务局工程管理处牵头，市水务综合行政执法总队、南京市秦淮河河道管理处共同参与，积极配合江苏省水利厅、江苏省秦淮河水利工程管理处督促指导高淳区做好对固城湖的监督管理与保护工作。

高淳区水务局负责高淳区境内固城湖的日常监管和行政审批的预审查，区综合执法局负责涉湖水事案件的查处。高淳区水务局下设杨家湾闸管理所和蛇山抽水站管理所，具体负责固城湖日常巡查等管理工作。

1.1.8.2 固城湖管理措施

1. 持续落实固城湖管理与保护工作

（1）坚持开展月度联合巡湖。为加强对固城湖的管理与保护，夯实湖长制工作职责，扎实做好固城湖日常巡查以及水域监控等工作，坚持开展月度联合巡查，及时发现、制止各类违法行为和现象，有效改善固城湖及周边环境。

（2）加强湖泊管理保护宣传力度。围绕"深入贯彻新发展理念，推进水资源集约安全利用""共抓长江大保护"等主题思想，利用世界水日、中国水周，联合市区湖泊管理单位相关人员对湖泊周边地区群众宣讲、发放《江苏省湖泊保护条例》《一张图读懂湖长制》《江苏省节约用水条例》和《中华人民共和国长江保护法》等宣传材料，营造全民爱湖护湖治湖氛围，携手努力共创幸福河湖。

（3）编制"三报"做好河湖管理内业。"年报"，认真总结过去一年省市区湖泊管理单位对固城湖所做的日常管理与保护工作，分析归纳固城湖水质及水生态监测成果变化情况，梳理固城湖巡查及执法情况，关注固城湖资源开发利用变化情况，系统总结过去一年固城湖综合治理成效等，全面促进提升下一年度年报编制工作质量。"季报"，完成编制固城湖管理工作动态简报4期，及时总结，定期向上级主管部门及湖泊管理相关责任单位报送。"月报"，完成编报湖泊巡查双月报6期，做到及时请示汇报、协调解决、结果反馈年度巡查过程中出现的疑似违法涉湖事件。

（4）跟进固城湖退圩还湖工程建设。做好省厅、项目建设处等各方的联系纽带，加强沟通协调。强化工程施工期全过程监管，紧盯质量安全和阶段进度节点，每月合理安排巡湖时间赴现场看资料、询问情况，提交项目总体实施进度等内容。

（5）创新开展无人机智慧巡湖。按照各级湖长巡湖要求，在省管湖泊中率先开展固城湖无人机实时在线巡湖调研，多次进行试飞测试，基本满足远距离线上巡湖要求。

（6）组织河湖库遥感监测核查工作。组织召开河湖库遥感监测核查成果会商会，及时传达反馈会商整改意见，督促相关方按时完成整改，完成遥感监测成果验收。根据提供的卫星遥感资料，对固城湖遥感监测变化点开展现场核查，将核查相关资料及时上报。

（7）编制省级湖长巡湖方案。落实省级湖长"两湖"工作指示，编制"固城湖省级湖长巡湖实施方案"，做好踏勘省级湖长巡湖路线、巡查点等相关准备工作。

（8）组织做好固城湖水生态监测工作。建设"固城湖东岸水生态监测系统"，在固城湖建成水生态自动监测站（试点），实时上传氨氮、总磷、总氮等14项指标；建立"固城湖东岸视频监控系统"。

（9）强化升级湖泊网格化管理巡查工作。及时组织参与"江苏省河长制管理信息系统""江苏省河湖资源管理信息系统""江苏省河湖巡查管理信息平台"的培训测试运用；利用数字化、网络化、智能化手段为"智慧河湖"建设打好基础。

（10）组织湖泊管理工作考核。通过结合日常巡查情况、查阅审核上传台账资料，根据《江苏省省管湖泊管理与保护工作考核办法》和《两湖巡查考核办法》制定的计分办法，对高淳区水务局管辖范围内的固城湖年度管理情况进行考核评分，并及时上报考核结果。

2. 完成省级湖长"两违三乱"清单销号验收

加强案件跟踪处理。完成省级湖长"两违三乱"清单中案件全部销号验收工作，档案资料保存完好。日常巡查中发现的涉湖违法行为，第一时间通知高淳区水务局进行处置，并跟踪监督，将处理整改情况及时上报入库。

3. 开展固城湖专项督查工作

组织对固城湖堤防险工险段整改情况进行现场检查，调查统计库存和新增险工险段。

4. 加强河湖管理参观学习与培训

为进一步贯彻落实全省河湖管理工作会议精神，提高河湖管理与保护水平，组织市、区水务局河湖管理负责人及相关人员，赴苏州、常州等地区参观学习河湖管理和退圩还湖（田）先进经验和做法。

5. 开展固城湖相关科技项目研究

根据水利部印发的《关于复苏河湖生态环境的指导意见》及《"十四五"时期复苏河湖生态环境实施方案》等文件精神要求，为维护固城湖健康生命，不断改善提升固城湖水生态系统环境，近两年来，针对固城湖退圩还湖实施等，开展水利科技项目申报研究。

1.1.9 固城湖大事记

1. 固城湖被列入江苏省湖泊保护名录

2005年2月，江苏省人民政府公布137个0.5km^{2}以上湖泊、城市市区内湖泊、城市饮用水源湖泊江苏省湖泊保护名录，固城湖位列其中，对于维护固城湖良好的生态环境，保障经济社会可持续发展，具有重要的意义和作用[6]。

2. 江苏省水利厅组织完成《固城湖保护规划》的编制

2006年2月，江苏省水利厅组织完成《固城湖保护规划》的编制。规划主要分析了湖泊目前存在的问题；划定了湖泊保护范围，落实了坐标；研究了湖泊保护目标、湖泊功能，划定了行水通道、行滞蓄洪区、水功能区、生态功能区、禁采区等各类功能保护区，协调了各类功能间的关系，提出了公益性功能保护意见。

3. 江苏省出台石臼湖固城湖管理与保护联席会议制度

2011年，江苏省成立了石臼湖固城湖管理与保护联席会议办公室，出台了《石臼湖固城湖管理与保护联席会议制度》，切实加强固城湖的管理与保护工作[7]。

4. 固城湖湖长制建立，副省长担任湖长

固城湖为省管湖泊，由江苏省水利厅负责主要管理，江苏省秦淮河水利工程管理处为协管单位。2018年，依据省委办公厅、省政府办公厅《关于加强全省湖长制工作的实施意见》（苏办发〔2018〕22号）的要求，建立省、市、县、乡、村五级湖长体系，副省长任固城湖省级湖长。

5. 固城湖完成管理范围划界工作

按照《省政府办公厅关于开展河湖和水利工程管理范围划定工作的通知》（苏政办发〔2015〕76号）的要求，2018年，固城湖埋设界桩241根，完成划界工作[8]。

6. 固城湖实施网格化管理工作

2019年，固城湖全面建立网格化管理体系，依据沿线管理范围行政区划或防汛责任，将固城湖划分为13个网格[9]（陆域9个，水域4个，详见图1.8），以期明确管护主体，落实管护责任，保障固城湖水安全。

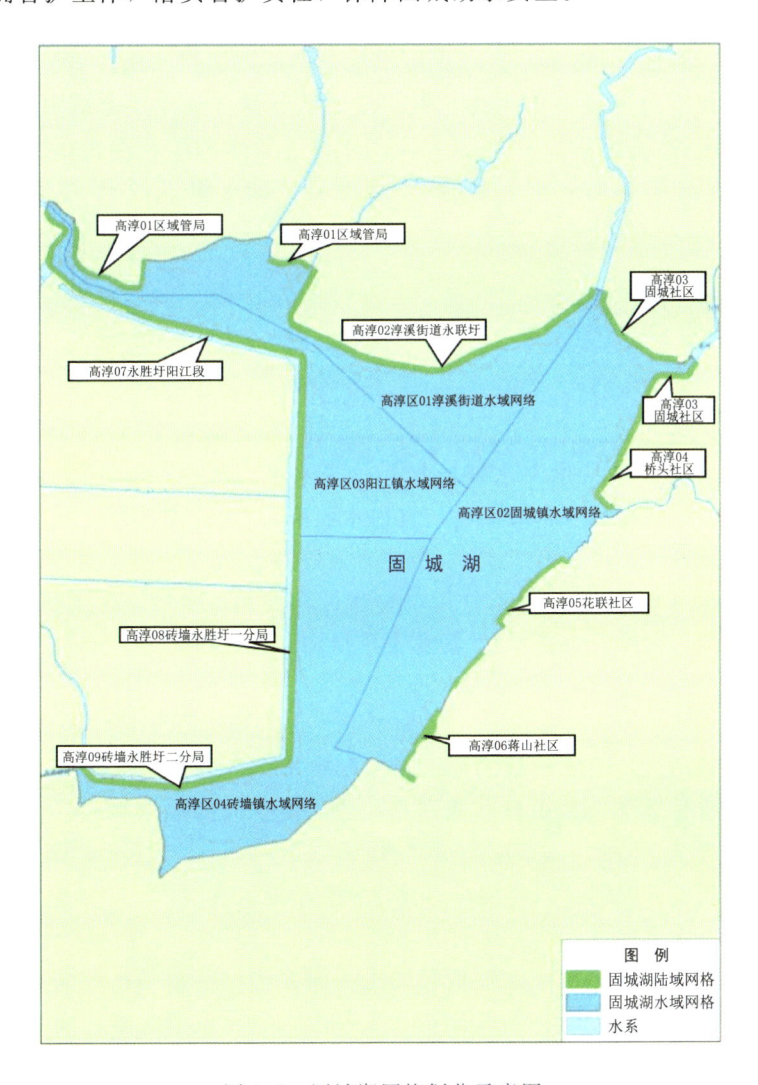

图1.8　固城湖网格划分示意图

7. 江苏省水利厅修编《固城湖保护规划》

2020年12月，完成《固城湖保护规划》修编工作，划定水域和岸线功能分区，加强水域、岸线资源用途管制，强化岸线和水域保护。不断完善湖泊管护机制，实行网格化管理，试点湖泊流域化管理。

8. 固城湖再次被列入江苏省湖泊保护名录

2021年3月，江苏省人民政府发文（苏政办发〔2021〕15号）公布《江苏省湖泊保护名录（2021修编）》，固城湖再次被列入江苏省湖泊保护名录，要求对固城湖突出水域空间管控、资源保护和湖泊水污染、水环境、水生态治理。

9. 实施固城湖退圩还湖工程

2017年11月，《南京市高淳区固城湖退圩还湖试点实施方案》编制完成。工程内容主要涉及围垦区的清退、堤防岸线的新建、近岸生态修复带的建设、生态清淤等内容[10]。2018年10月，得到了江苏省水利厅和南京市水务局的批复。2019年12月12日，该工程正式开工建设。截止到2022年10月底，主体工程已经完工。

1.2 监测内容

1.2.1 监测指标

监测内容主要包括水文水资源指标（降水量、水位、水量），水动力指标（流速），水域空间指标（水域面积、自由水面率），水体主要理化指标，底泥营养盐指标（总氮、总磷、有机质），水生高等植物指标（种类、生物量、盖度），浮游植物指标（种类、密度），浮游动物指标（种类、密度、生物量），底栖动物指标（种类、密度、生物量），渔业资源指标（渔获物种类、重量）。

1.2.2 监测点设置

根据固城湖水域保护现状的要求，需要在全湖区以及出入湖河口处布置监测点位。只有科学合理地布设监测网点，才能使获取的数据客观、全面地反映出固城湖的现状。因此，监测点位的布设原则如下：

（1）全面覆盖原则，即监测点应分布到整个湖区。

（2）重点突出原则，即主要的出入湖河口、水源保护区等均应设置监测点。

（3）经济性原则。水域保护状况的监测内容多，且费用比较高，应从实际出发，结合湖区地形轮廓、养殖分布及主要出入湖河流情况等，确定合理的监测点数量，做到既满足湖泊水域基本分析与评价需要又经济、可操作。

基于以上原则，固城湖上共设定了16个监测位点，如图1.9所示。其中，固城湖水体理化指标和底泥营养盐、浮游植物、浮游动物和底栖动物的研究点位为 gch-1~gch-10，采样频率为每季一次，水生高等植物研究区域需要更为多样，故研究点位包括图中所有 16 个采样点；水体流速监测点位为出入湖河道 gch-w-1、gch-w-2、gch-w-3、gch-w-4 和湖区 gch-1、gch-2、gch-3、gch-15 点位。

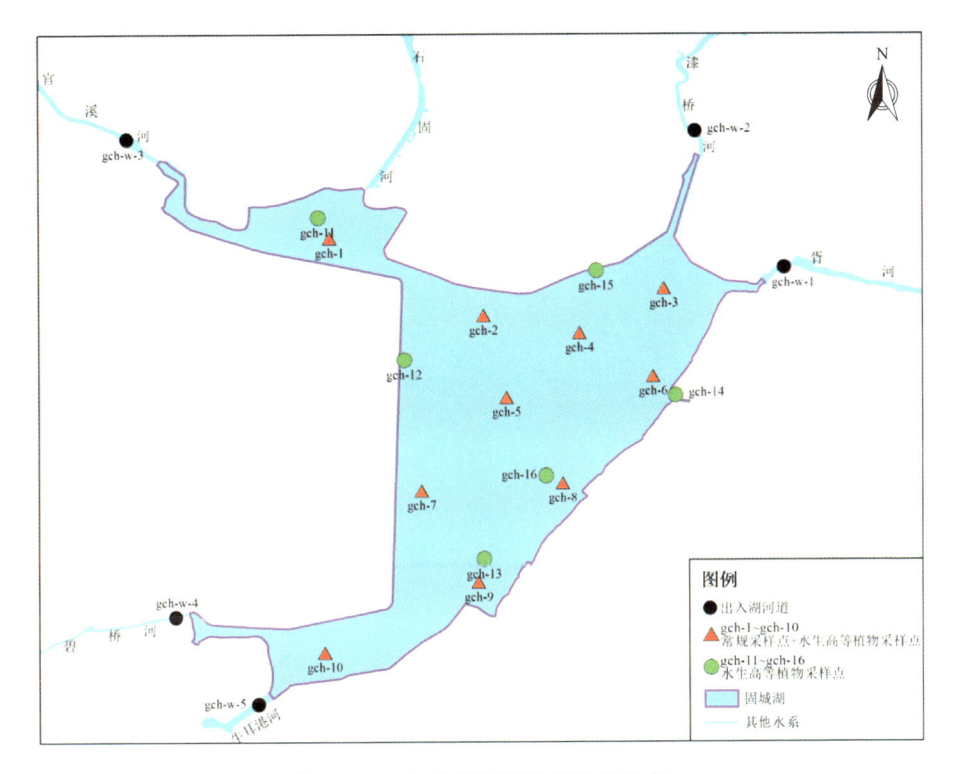

图 1.9 2021 年固城湖水域监测位点

1.2.3 监测时间和频次

针对固城湖各项指标监测活动的实际情况，基于位点的布置原则，湖区内、出入湖、滨岸带的不同监测指标采取不同的监测频率进行。

（1）对于湖区上的 10 个监测点（gch-1~gch-10），监测水体理化指标、营养盐含量、浮游植物、浮游动物、底栖动物、鱼类，监测频次为一年四次，分别选择春季、夏季、秋季和冬季的代表时期进行原位调查监测。其中水生高等植物的监测为一年两次，分别选择在春季和夏季进行；底泥营养盐的监测为一年一次，一般选择在秋季进行。

（2）对于出入湖河道上的 5 个监测点 gch-w-1~gch-w-5（石固河为区

间河流未设置监测点位），监测水体理化指标、营养盐含量，监测频次为一年四次，分别选择春季、夏季、秋季和冬季的代表时期进行原位调查监测。

（3）水体流速监测点位为 gch-w-1、gch-w-2、gch-w-3、gch-w-4、gch-1、gch-2、gch-3、gch-15 点位，监测频次为每季度一次。

（4）水文水资源和渔业资料等其他指标数据，采取外单位协助方式进行监测和收集。

第 2 章

形态和水文特征研究

2.1 形态特征研究

2.1.1 水域遥感研究方法

高空间分辨遥感技术有对大范围水域快速和准确测量的优势，利用其遥感影像开展水域动态监测，可为实现水域动态监管、最严格水资源管理、水行政执法等提供技术支撑。

高分辨遥感水域数据的提取，主要利用水体在影像上的纹理信息、色调、形状等与陆地区别较大且容易区分的特点，提取的方法主要有人工目视解译法与监测分类法，以及决策树分类法、指数法和数学形态学法等多种自动提取方法[11—15]。其中，人工目视解译法与监测分类法主要依据相关参考资料和技术人员的经验，对水域综合状况进行分析与判断，手动提取水域的范围，该方法适用于比较复杂的地物类型。自动提取方法虽然效率高，但精度较低，适用于色调一致、比较简单的地物类型[16]，对于复杂的地物类型，自动分类法容易出现分类错误，后续修改工作量极大。

考虑到固城湖藻类、水色差异、桥梁等复杂因素的影响，在第三次全国国土调查数据水域的湖泊水面分类数据基础上，根据 2021 年 4—6 月 0.8m 高分辨卫星遥感影像，按照"所见即所得"的方式，采用人工目视解译法，通过目视判读、表工修正，更新固城湖水域范围，并辅助现场监测进行核对。

2.1.2 水域面积动态变化研究

截至 2022 年 10 月，固城湖永联圩、永兆圩退圩还湖主体工程已基本完工，共清退圈圩 6.51km²，但尚未拆（旧）堤放水，该区域暂不纳入本次水域面积变化研究范围。根据卫星影像解译，2021 年固城湖水域面积 30.96km²（图 2.2），较 2020 年固城湖水域面积（图 2.1）无变化[17]。

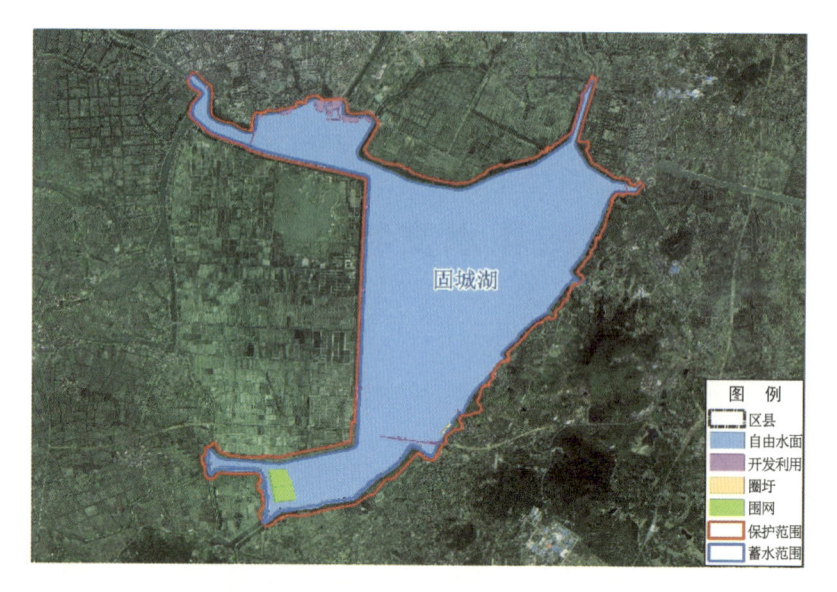

图 2.1　2020 年固城湖水域面积测算图

图 2.2　2021 年固城湖水域面积测算图

2.1.3　自由水面动态变化研究

根据 2021 年卫星影像解译，2021 年固城湖开发利用面积 0.35km^2，主要位于花山大桥等区域，自由水面率为 99.1%[18]，较 2020 年自由水面率增加 1.1%。

2.2 水文特征研究

2.2.1 固城湖湖区降雨量变化特征研究

2021年固城湖湖区年降水量1307.1mm，年降水量较历年值略多8.0%。汛期5—9月雨量900.0mm，占全年值的68.9%。以固城湖高淳站为代表站分析，月降水量与历年同期相比结果显示，3月、5月、7月、8月、10月偏多（图2.3），其他月份偏少，最大日降水量为91.0mm（7月27日）。与多年平均（1951—2021年）降雨量相比，湖区2021年1月、2月、4月、6月、9月、11月、12月降水量呈现不同程度的减少，见表2.1；9月和12月降雨量减少程度较大，均超过70%。

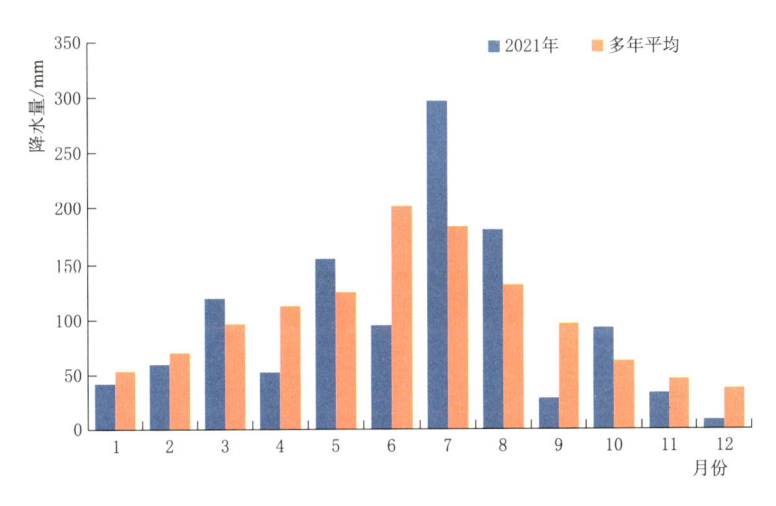

图2.3 2021年固城湖月降水量与多年平均对比

表2.1　　　　　　　　固城湖高淳站降水量统计表

降水指标	1月	2月	3月	4月	5月	6月	7月	8月	9月	10月	11月	12月
2021年各月降水量/mm	42.0	59.0	120.0	52.0	154.5	94.0	296.5	180.5	28.0	91.5	33.0	9.5
1951—2021年多年平均值/mm	54.1	70.0	96.9	112.5	125.1	201.3	182.8	129.8	95.8	62.6	47.8	39.2
与1951—2021年多年平均值相比/%	−22.4	−15.7	23.8	−53.8	23.5	−53.3	62.2	39.1	−70.8	46.2	−31.0	−75.8

2.2.2 固城湖湖区水位变化特征研究

固城湖受水利工程控制，除本地降水外，无客水进入，2020年12月1日至2021年2月21日本地降水偏少，同时受生产和生活用水影响，固城湖水位持续回落；2月底水碧桥闸、蛇山闸开始向固城湖补水，同时3月本地降水略高于常年，3月固城湖水位持续上涨，4月9日水碧桥闸、蛇山闸停止引水，固城湖水位持续缓落。5月上旬受生产和生活用水影响，固城湖水位持续回落，5月中旬采取工程补水及合理用水，固城湖高淳站水位维持在8.00m左右，入梅后，受降水影响，水位缓涨。7月下旬受6号台风"烟花"影响，固城湖汇流区普降特大暴雨，水位上涨，固城湖高淳站7月29日水位达到10.40m警戒水位，8月1日退出警戒水位。8月全区有两次强降水过程，受降水影响固城湖高淳站8月15日水位达到10.40m警戒水位，8月27日水位退出警戒水位，水位最高涨至10.56m（8月25日），为2021年出现的最高水位。汛后10—11月固城湖汇流区降水相比常年偏少，受生产用水、蒸发影响，固城湖水位持续下降，12月受圩区蟹塘排水及水碧桥架机引水影响，固城湖水位维持在8.20m，如图2.4所示。

与多年平均水位（1973—2021年）相比，2021年固城湖整体水位变幅不大（图2.5），得益于湖区周边主要水工建筑物的控制。

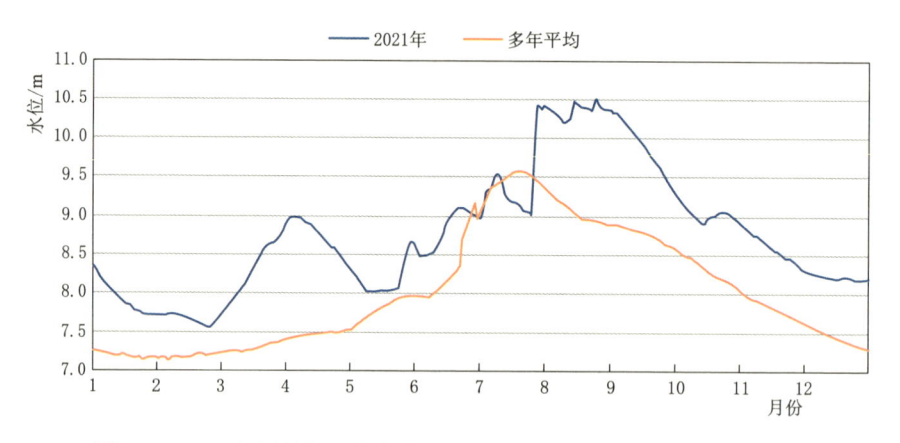

图2.4　2021年固城湖日均水位与多年均值（1973—2021年）比较图

2.2.3 固城湖生态水位满足程度研究

据2021年固城湖高淳站水位统计，2021年平均水位为8.74m，年最高水位10.56m，年最低水位7.54m。依据《江苏省第一批河湖生态水位（试行）》（苏水资〔2019〕14号）发布的固城湖生态水位为7.00m（吴淞基面），全年水位均

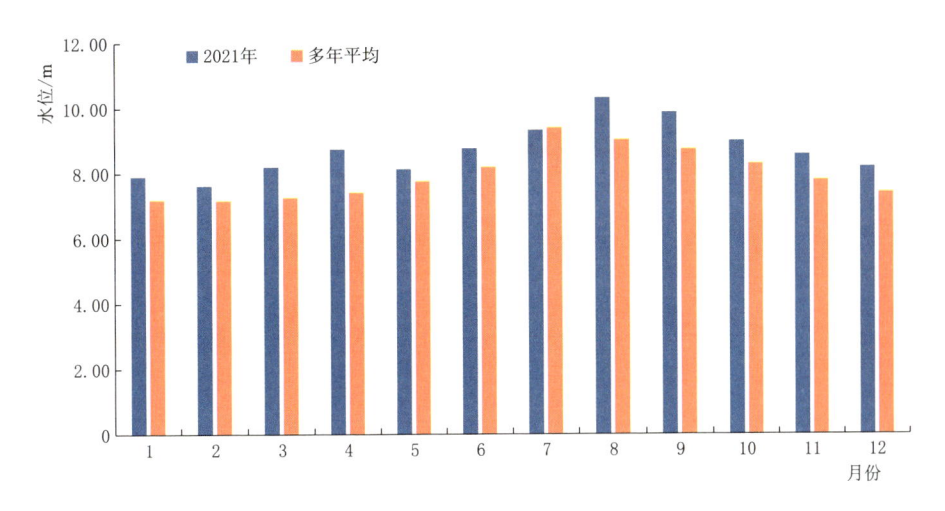

图 2.5　2021 年固城湖月均水位与多年均值（1973—2021 年）比较图

保持在生态水位以上。

2.2.4　固城湖出入湖水量变化特征研究

2021 年固城湖主要控制站入湖水量 3.026 亿 m^3，出湖水量 2.105 亿 m^3。本地降水及杨家湾闸、水碧桥闸、蛇山抽水站是入湖水量的主要来源，本地降水占全年来水量的 60.5%，三个水利工程入湖水量占全年来水量的 39.5%；茅东闸是出湖主要水利工程，出湖水量占总出水量的 28.7%；3 月、4 月、5 月、6 月、7 月、10 月、12 月入湖流量大于出湖流量，主要控制站出入湖水量统计表见表 2.2，各月出入湖水量见表 2.3。

表 2.2　　　　　2021 年固城湖主要控制站出入湖水量统计表

序号	河道名称	入湖水量	出湖水量
1	水碧桥河实测	1.196	0
2	横溪河分区	0.215	0
3	官溪河实测	0	0.345
4	官溪河分区	0.279	0
5	抗排队	0.073	0
6	黄泥闸	0.200	0.49
7	漆桥河	0.420	0
8	上胥溪河	0.643	0

续表

序号	河道名称	入湖水量	出湖水量
9	茅东闸引河实测	0	0.604
10	水面蒸发	0	0.301
11	水厂	0	0.365
	合　计	3.026	2.105

表2.3　　　　2021年各月固城湖河道出入湖水量一览表　　　单位：亿 m³

月份	月初蓄量	月末蓄量	月初月末蓄量之差	入湖水量	出湖水量	出入湖水量之差
1月	0.89	0.61	0.28	0.05	0.13	0.08
2月	0.61	0.59	0.02	0.08	0.14	0.06
3月	0.59	1	−0.41	0.38	0.28	−0.1
4月	1	0.87	0.13	0.26	0.1	−0.16
5月	0.87	0.97	−0.1	0.68	0.32	−0.36
6月	0.97	1.03	−0.06	0.19	0.06	−0.13
7月	1.03	1.63	−0.6	0.68	0.38	−0.3
8月	1.63	1.61	0.02	0.38	0.43	0.05
9月	1.61	1.20	0.41	0.04	0.11	0.07
10月	1.20	1.05	0.15	0.11	0.06	−0.05
11月	1.05	0.84	0.21	0.04	0.05	0.01
12月	0.84	0.79	0.05	0.14	0.04	−0.1

第 3 章

水质与营养状况特征研究

3.1 水体样品采集和评价方法

3.1.1 水体样品采集与处理

固城湖湖区和出入湖河道的水体理化指标监测站点设置和采样频次见 1.2 节，现场使用 YSI 公司生产的 EXO 型水质多参数分析仪，测定水温、浊度、电导率、矿化度、pH 值、溶解氧、Chla 等参数；用塞氏盘测定水体的透明度；用声呐测深仪测量湖泊水深；用 5L 采水器采集湖泊水样，加酸固定后低温保存，带回实验室测定高锰酸盐指数、氨氮、总磷、总氮，监测方法采用《湖泊水生态监测规范》（DB32/T 3202—2017）规定的检测方法[19]。

3.1.2 水体综合营养状态评价方法

水体综合营养状态评价指标包含 COD_{Mn}（高锰酸盐指数）、Chla（叶绿素 a）、TP（总磷）、TN（总氮）、SD（透明度），评价方法采用水体综合营养指数法[20-22]，计算公式如下：

$$TLI(\Sigma) = \sum_{j=1}^{m} W_j \cdot TLI(j) \tag{3.1}$$

式中　　$TLI(\Sigma)$——水体综合营养状态指数；
　　　　W_j——第 j 种参数营养状态指数相关权重；
　　　　$TLI(j)$——第 j 种参数营养状态指数。

水体营养状态指数的计算公式：

$TLI(Chla) = 10 \times (2.500 + 1.086 \times \ln Chla)$

$TLI(TP) = 10 \times (9.436 + 1.624 \times \ln TP)$

$TLI(TN) = 10 \times (5.453 + 1.694 \times \ln TN)$

$TLI(COD_{Mn}) = 10 \times (0.109 + 2.661 \times \ln COD_{Mn})$

$TLI(SD) = 10 \times (5.118 - 1.94 \times \ln SD)$

以叶绿素 a 为基准参数，则第 j 种参数的归一化相关权重计算公式如下：

$$W_j = \frac{r_{ij}^2}{\sum_{j=i}^{m} r_{ij}^2} \tag{3.2}$$

式中　r_{ij}——水体第 j 种参数与基准参数 $Chla$ 的相关系数；

　　　m——水体评价参数的个数。

营养状态分级标准[23]：贫营养 TLI（Σ）<30；中营养 30≤TLI（Σ）≤50；富营养 TLI（Σ）>50，轻度富营养 50<TLI（Σ）≤60，中度富营养 60<TLI（Σ）≤70，重度富营养 TLI（Σ）>70。

3.2　水体理化特征研究

3.2.1　湖区水体理化指标时空差异分布研究

1. 水深

固城湖湖底平坦，整体为封闭湖区，时间上，春季平均水深较低。根据水深监测结果表明，各季节平均水深为 2.18~2.71m（图 3.1），年平均水深 2.51m，水深随季节呈现一定的变化趋势，春季到秋季呈现上升趋势，在秋季达到最大平均水深 4.40m。

2. 水体温度

湖水温度状况是影响湖水各种理化过程和动力现象的重要因素。湖泊生态系统的环境条件不仅涉及生物的新陈代谢和物质分解，也直接决定湖泊生产力的高低，与渔业、农业均有密切的关系。湖水在年内不同季节接受太阳辐射能不同，使水温发生年内变化。固城湖属于浅水湖泊，因受湖泊气候的长期影响，水温有着相应的变化过程，最高温度出现在夏季，其值为 33.85℃，最低温度出现在冬季，其值为 5.15℃，四季平均水温变化范围为 10.19~27.76℃，全年平均水温为 18.86℃。从各监测站点来看，各样点平均水温相差不大，如图 3.2 所示。

3. 水体透明度

透明度是指水体的澄清程度，是湖水的主要物理性质之一。透明度通常用塞氏盘方法来测定，单位 cm 或 m 表示。影响湖水透明度大小的因素主要是水中悬浮物质和浮游生物。悬浮物质和浮游生物含量越高，透明度则越小；反之，悬浮物质和浮游生物的含量越低，则湖水透明度越大。据国外文献报道，湖水透明度与生物量间表现出双曲线关系，而并非直线关系。因此，利用这种曲线关系在一定范围内，透明度的大小可以指示浮游藻类的多寡。而浮游藻类

(a) 时间变化

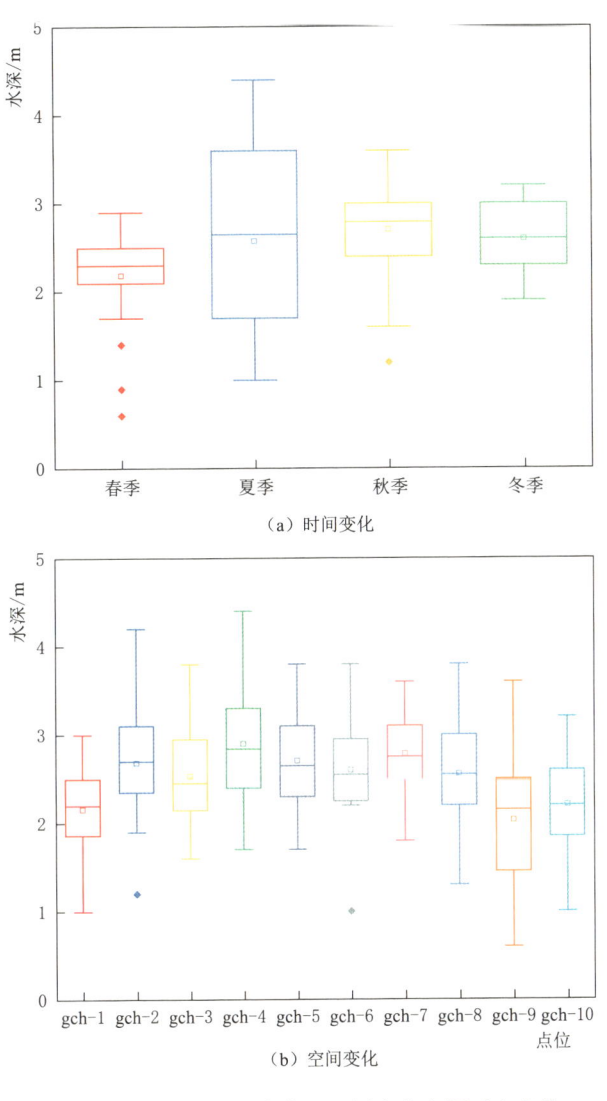

(b) 空间变化

图 3.1 2021年固城湖湖区监测点的水深时空变化

的多寡又与水质营养状况直接相关，所以在很多水质富营养化评价标准中，均把透明度这一感官指标作为重要的评价参数。

固城湖全年平均透明度为62cm，各季节平均透明度变化范围为48～83cm。湖水透明度春季、夏季、秋季呈下降趋势，到了冬季开始上升，全年最大值出现在冬季，为130cm；全年最小值出现在夏季，为10cm，如图3.3所示。夏秋季雨量充沛，雨水将陆上污染源冲入湖水中，增加对湖水的扰动，透明度较低。

(a) 时间变化

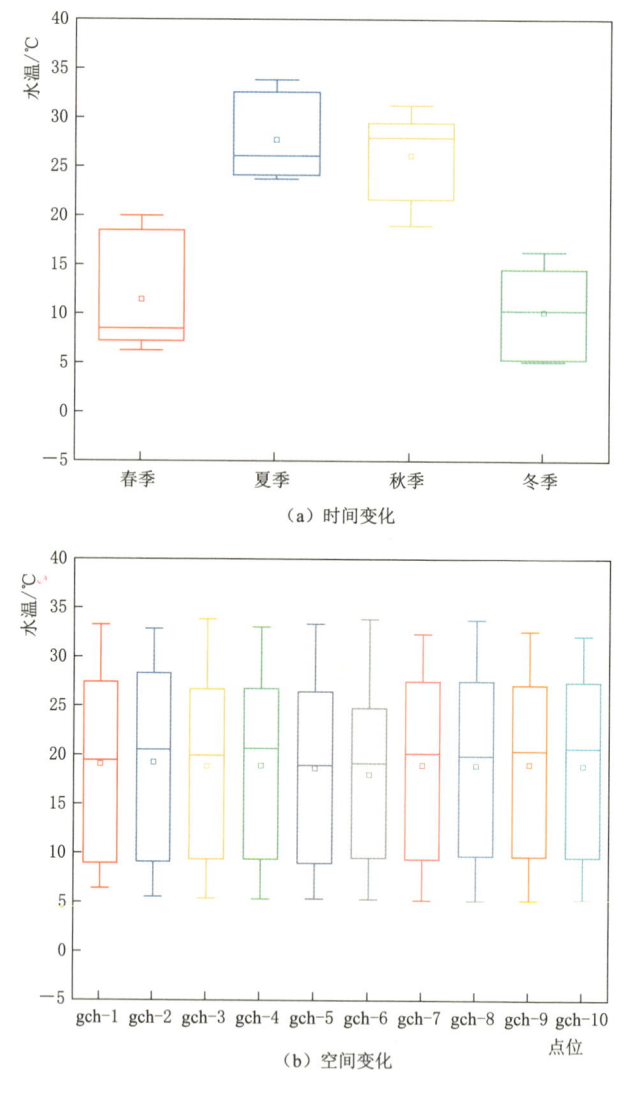

(b) 空间变化

图 3.2　2021 年固城湖湖区监测点的水温时空变化

4. 水体酸碱度

在淡水湖中，凡游离 CO_2 含量较高的湖泊，pH 值就低；而 HCO_3^- 含量较高的湖泊，pH 值也会相应升高。由于受入湖径流 pH 值的不同、湖水交换的强弱以及湖内生物种群数量的多少等因素影响，使 pH 值的平面分布也不完全一致。在通常情况下，敞水区的 pH 值高于沿岸带。湖泊藻类在进行光合作用的过程中，一般需消耗水中的游离 CO_2，结果使 pH 值相应增加。而光合作用的过程通常在白昼进行，并在夏秋两季的表层水体中较旺盛，所以 pH 值在昼夜、年内

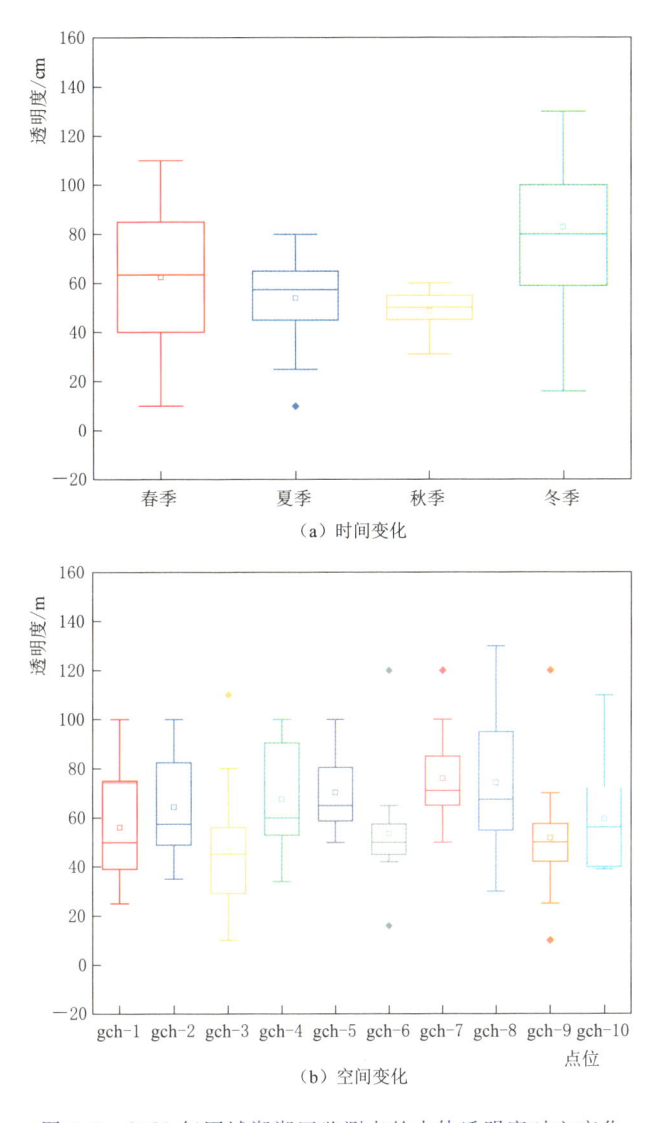

图 3.3　2021 年固城湖湖区监测点的水体透明度时空变化

及垂线分布上都有明显的变化规律。

根据监测结果，固城湖湖水的 pH 值各季节均值为 8.17～8.30，全年均值为 8.25，呈微碱性。pH 值最大值出现春季，为 8.64，pH 值最小值出现在秋季，为 8.0；各监测点之间变化相对较小，pH 值空间分布比较均匀，如图 3.4 所示。

5. 水体溶解氧含量

固城湖表层湖水溶解氧含量呈现明显的季节变化，各季节平均溶解氧含量范围为 8.15～11.04mg/L，溶解氧年平均值为 9.54mg/L，最大值出现在冬季，

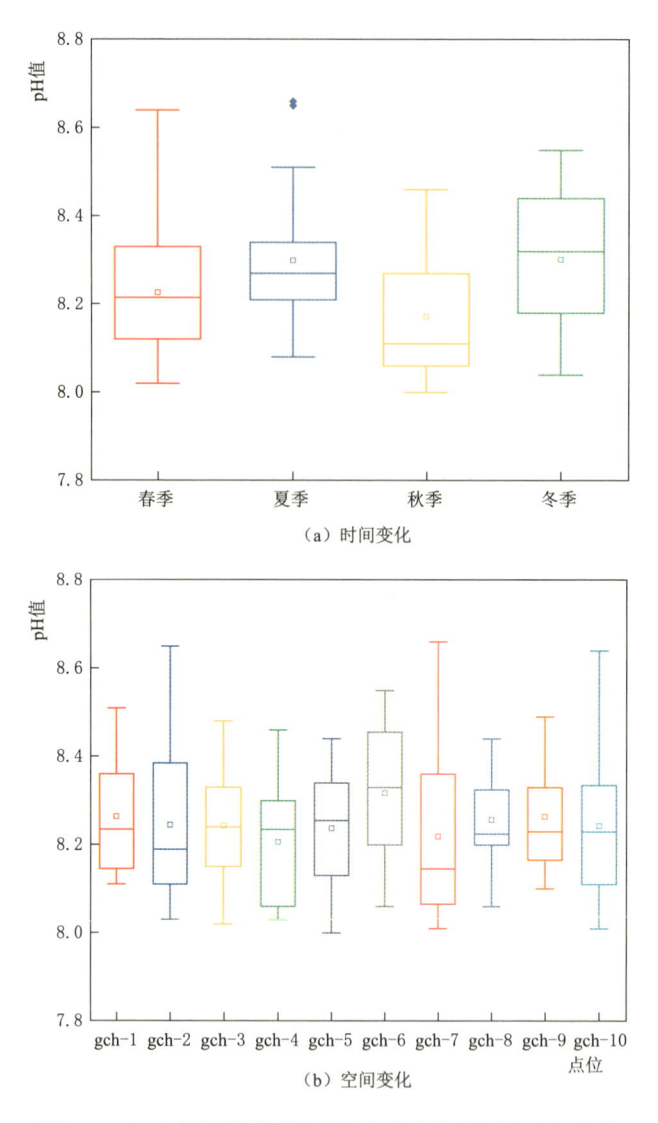

图 3.4　2021年固城湖湖区监测点的水体酸碱度时空变化

为12.46mg/L，最小值出现在夏季，为7.16mg/L。随着温度的降低，氧气在湖水中的溶解度逐渐增大，冬季温度最低，溶氧含量最大；夏季温度较高，氧气在湖水的溶解度较低，与水温的变化趋势相一致，表明湖水溶解氧含量的季节变化主要受湖水温度控制。各监测点年平均溶解氧含量差异较小，表明固城湖溶解氧含量的空间变化较小，如图3.5所示。

影响溶解氧含量的主要因素是温度。氧气在水中溶解度和其他气体一样，一般随温度升高而降低，一年内夏季水温最高，湖水溶解氧含量则相应降低，

（a）时间变化

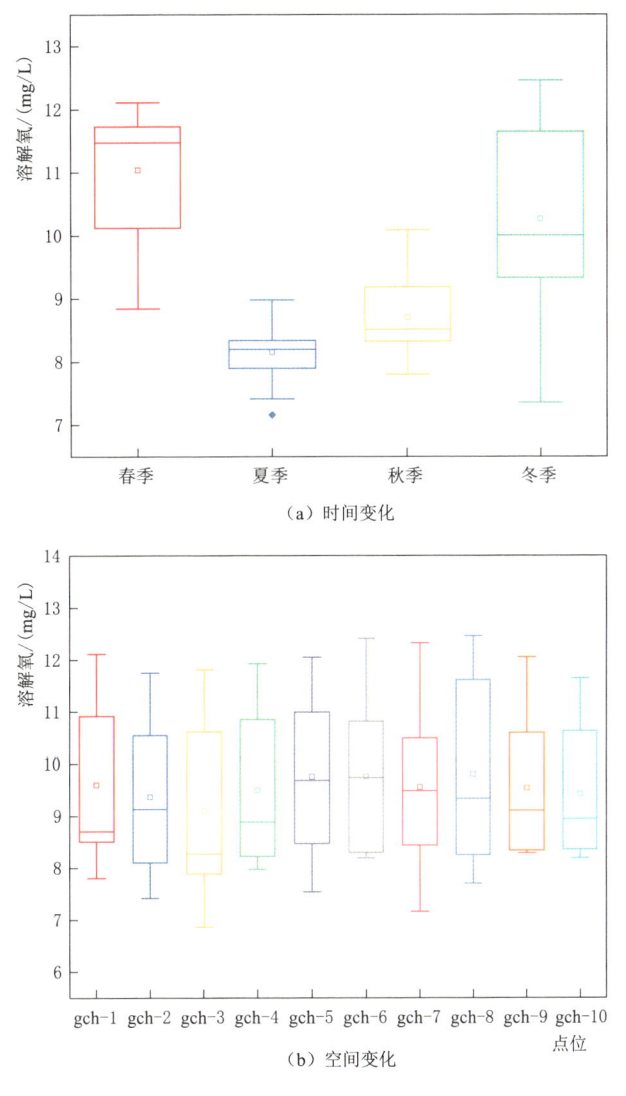

（b）空间变化

图 3.5　2021 年固城湖湖区监测点的水体溶解氧时空变化

而冬季则与此相反；此外，水体中的植物（如水生高等植物和藻类）在夏季大量生长的同时，也会改变水体中的氧气含量，特别是会在白昼时增加溶氧量，在夜间则降低溶氧量。而藻类的凋亡、有机物的分解则会消耗氧气，使溶解氧含量下降。这很可能是导致夏秋季节溶解氧含量变化的主要原因。

6．水体电导率

溶液的电导率是电解质溶液的一个基本物理化学量。在特定的条件下，溶液的含盐量、总溶解性固体物质（total dissolved solids，TDS）、pH 值等都与电导率有着密切的关系。由于电导率值随离子浓度的增大而增大，使用电导率反映水质状况更直观。水体电导率反映的是水体中离子浓度的变化特征，这些离子包括氯化物、溶解盐、碳酸盐化合物、硫化物和碱。

固城湖电导率各季节平均值变化范围为 182.59～236.54μS/cm，年均值为 212.34μS/cm。电导率整体变化不大，春季到夏季逐渐上升，到秋季逐渐下降，冬季再次上升，电导率最大值出现在冬季，为 357.3μS/cm，电导率最小值出现在春季，为 82.2μS/cm。从空间分布上来看，固城湖各监测点电导率均匀性较好，如图 3.6 所示。

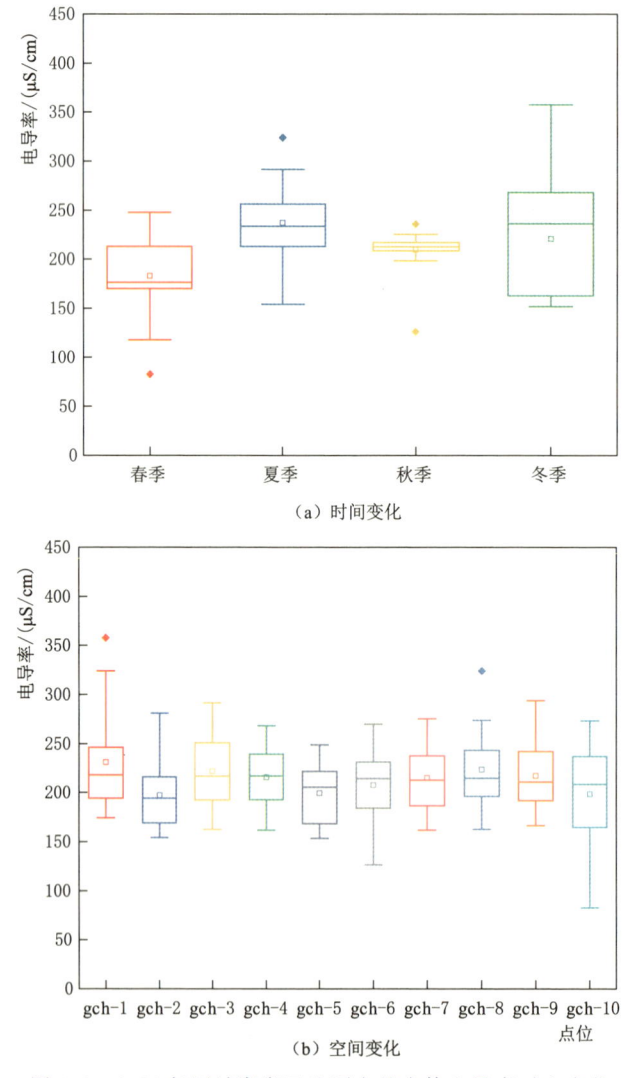

图 3.6 2021 年固城湖湖区监测点的水体电导率时空变化

7. 水体矿化度（总溶解性固体含量）

水体矿化度通过水体中的 TDS 来衡量，是溶解在水里的无机盐和有机物的总称。而这其中，钙、镁、钠、钾离子和碳酸根离子、碳酸氢根离子、氯离子、硫酸根离子和硝酸根离子是最主要的组成，这些金属与酸根离子也是城市和农业污水以及工业废水的主要组成部分。

固城湖水体中矿化度年平均值为 157.9mg/L，各季节平均值为 135.17～192.83mg/L，最大值出现在冬季，最大值为 328mg/L，最小值出现在春季，最小值为 78mg/L。从各监测点数据来看，各监测点附近湖水年平均矿化度相差不大，如图 3.7 所示。

（a）时间变化

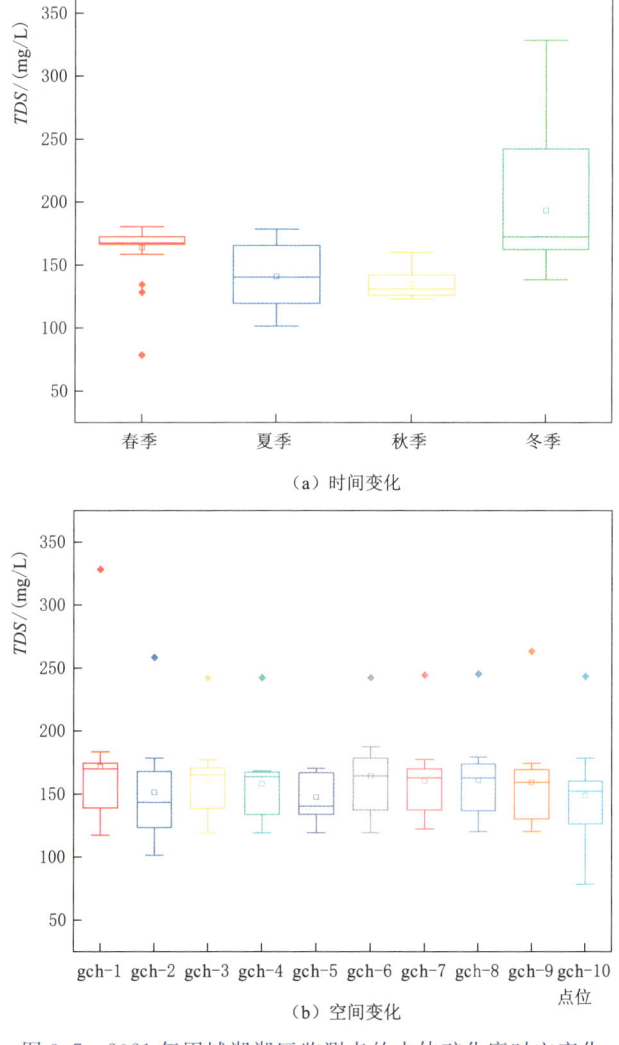

（b）空间变化

图 3.7　2021 年固城湖湖区监测点的水体矿化度时空变化

8. 水体浊度

固城湖湖水浊度较低，各季节浊度平均值变化范围为 10.85～13.53FNU，年平均值为 12.04FNU，湖水浊度随季节变化不太明显，最高值出现在夏季，最低值出现在冬季。各监测点间湖水的浊度变化趋势不明显，如图 3.8 所示。

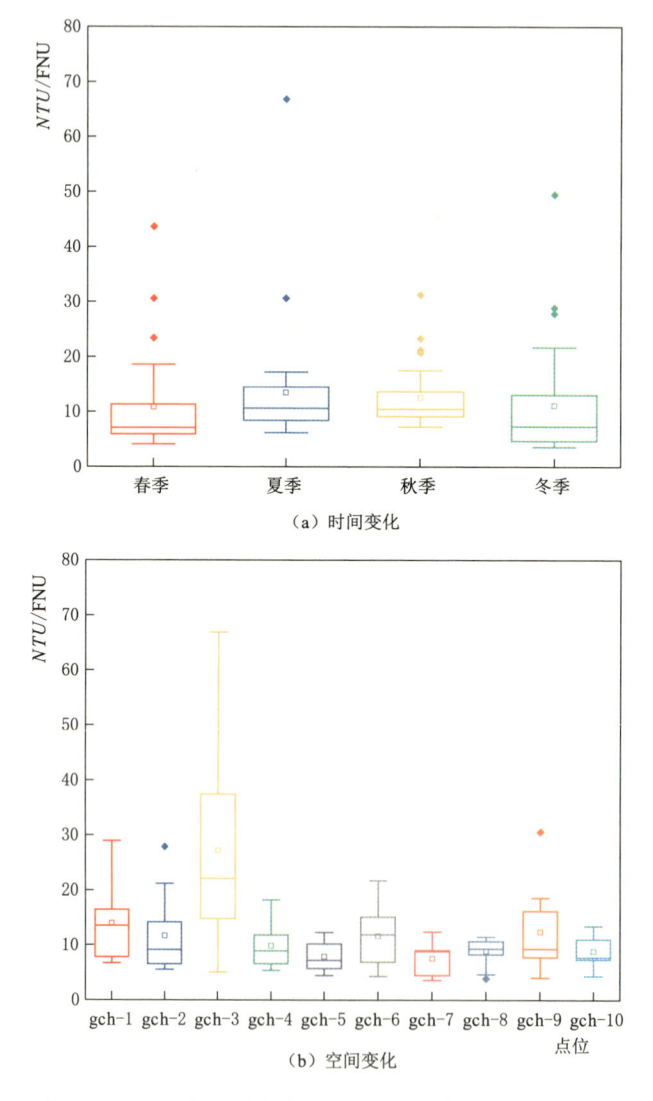

图 3.8　2021年固城湖湖区监测点的水体浊度时空变化

浊度体现的是水中悬浮物对光线透过时所发生的阻碍程度。一般说来，水中的不溶解物质愈多，浊度愈高。因此，大致可以看出，在空间上，北部湖区水体中的不溶解物质较多，水体中的代谢物、颗粒物较多；而北部湖区的开发利用程度较高，人为影响下会增加水体中的不溶解物质，导致水体浊度增大。

9. 水体叶绿素含量

2021年固城湖各季节平均Chla含量为3.77～10.89μg/L，全年平均值6.39μg/L，最高值和最低值分别出现在冬季和夏季。Chla浓度呈现季节性变化，春季、夏季到秋季逐渐上升，到了冬季下降。

湖水中叶绿素含量的个体密度亦是流域中初级生产者现存量的指标，这些初级生产者数量的多寡与该流域初级生产力的大小密切相关，其生产力直接或间接地影响水域中其他生物的生产力，数值越高代表初级生产力越高。由此可见，秋季的固城湖初级生产力要高于其他季节。空间上，gch-1和gch-10点的叶绿素含量高于其他点位，如图3.9所示。

3.2.2　湖区水体营养盐差异分布研究

2021年固城湖主要水质指标年平均浓度：氨氮0.10mg/L（月均浓度为0.04～0.34mg/L），高锰酸盐指数3.6mg/L（月均浓度为3.1～3.8mg/L），总氮1.09mg/L（月均浓度为0.55～1.36mg/L），总磷0.03mg/L（月均浓度为0.014～0.057mg/L）。参照《地表水环境质量标准》（GB 3838—2002），氨氮达到Ⅰ类水标准，高锰酸盐指数达到Ⅱ类水标准，总磷达到Ⅲ类水标准，总氮达到Ⅳ类水标准，如图3.10所示。

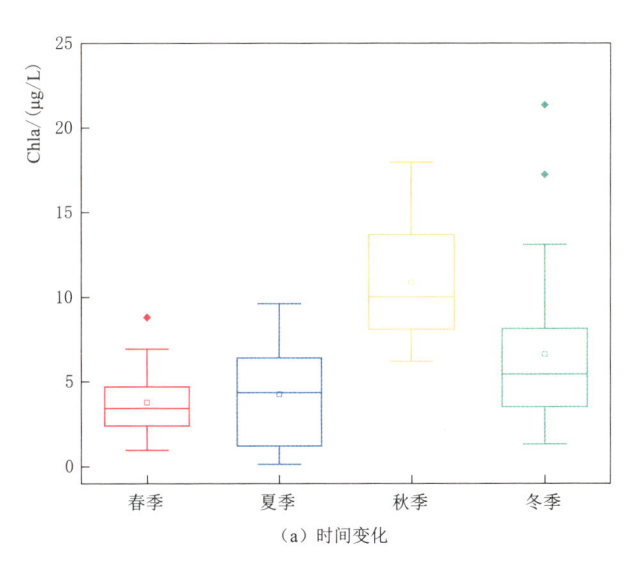

(a) 时间变化

图3.9（一）　2021年固城湖湖区监测点的水体叶绿素时空变化

(b）空间变化

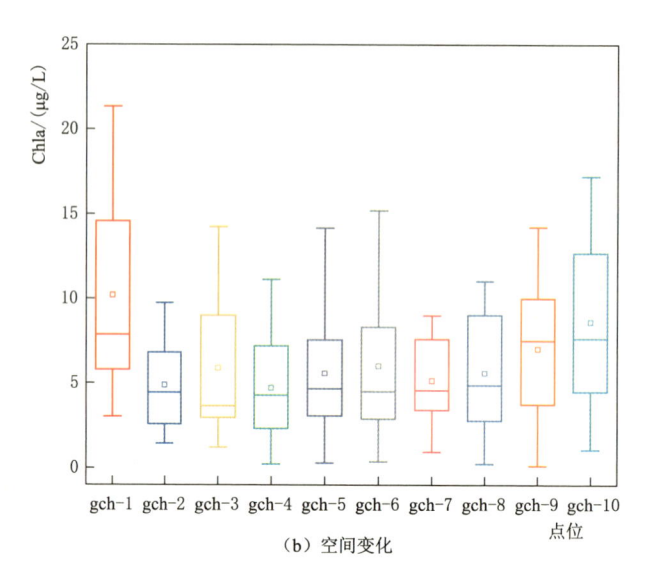

图 3.9（二）　2021 年固城湖湖区监测点的水体叶绿素时空变化

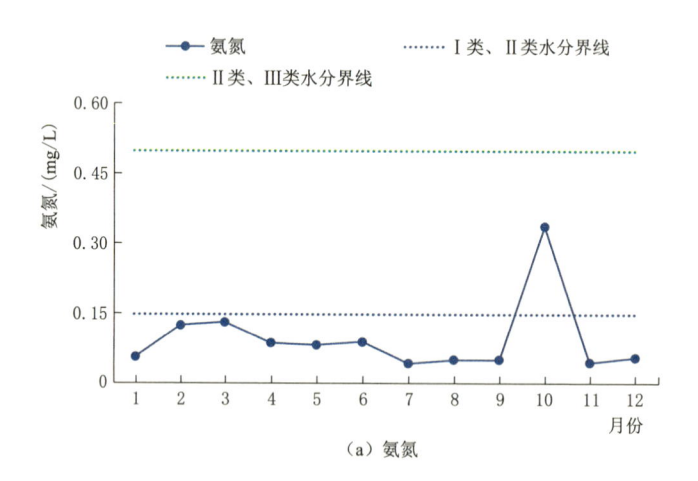

图 3.10（一）　2021 年固城湖湖区水质指标变化情况

(b) 高锰酸盐指数

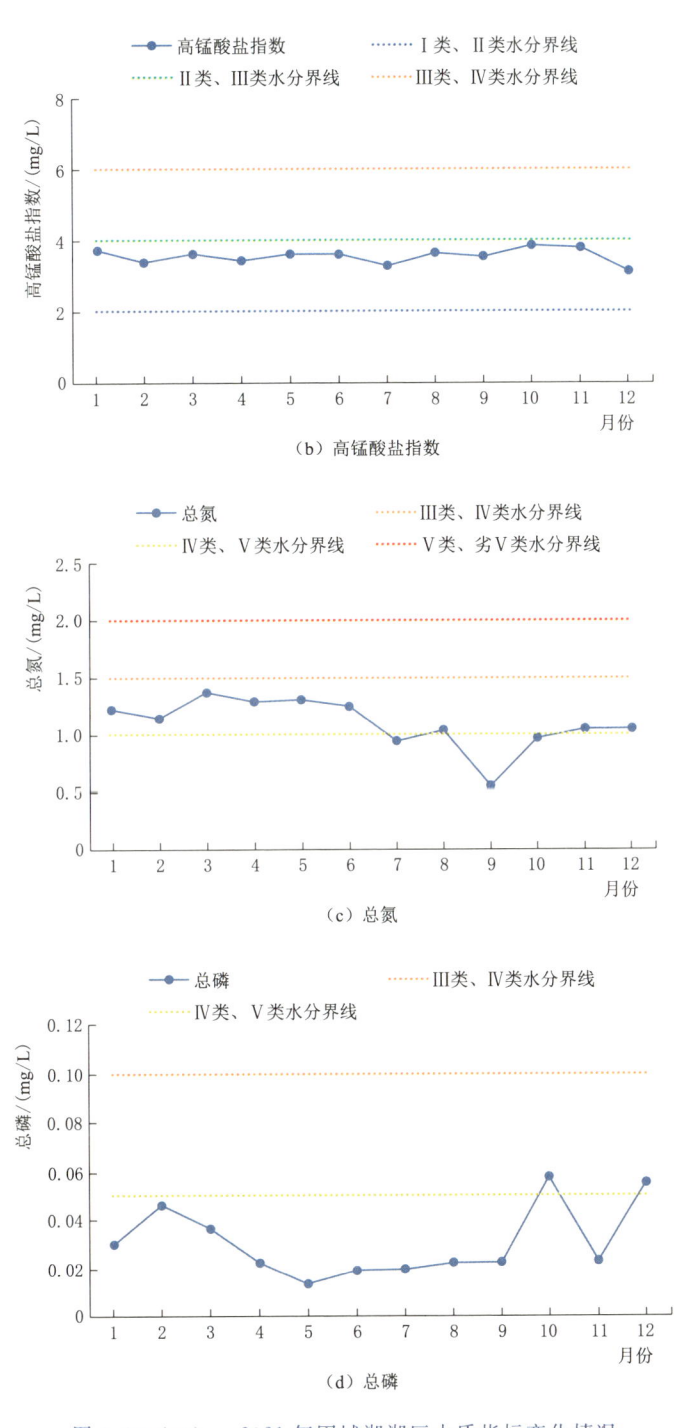

(c) 总氮

(d) 总磷

图 3.10（二） 2021 年固城湖湖区水质指标变化情况

3.2.3 出入湖河道水体理化指标时空差异分布研究

1. 水体温度

2021年固城湖出入湖水温时空变化情况如图 3.11 所示，不同季节之间的水温变化显著，夏季出入湖河道水温最高，夏季最高值出现在漆桥河，为 31.03℃，不同出入湖河道的水温差异不大。

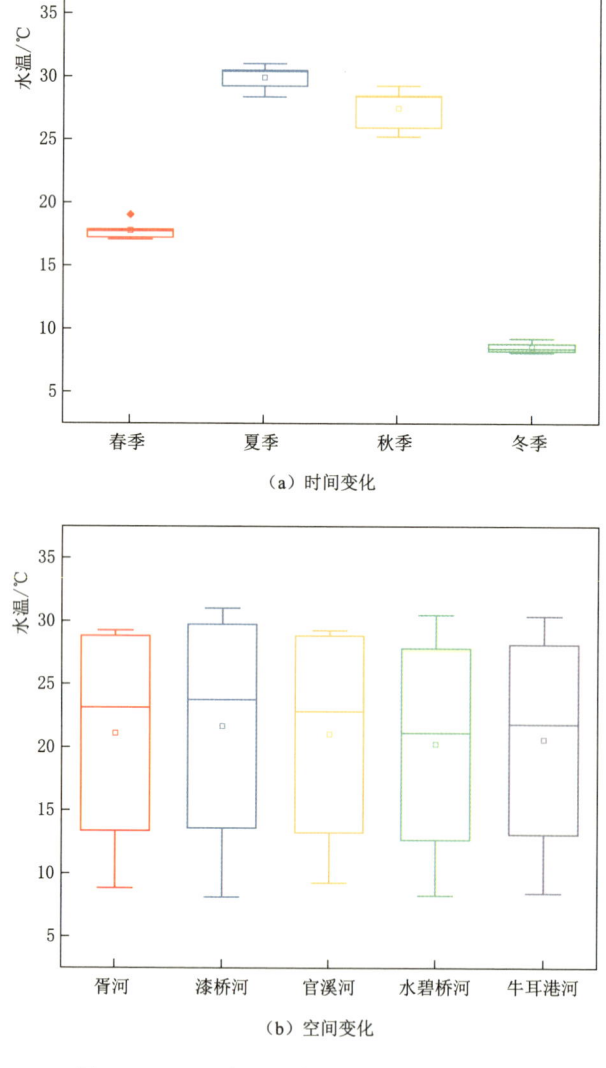

（a）时间变化

（b）空间变化

图 3.11　2021年固城湖出入湖水温时空变化

2. 水体酸碱度

2021年固城湖出入湖河道的水体 pH 值范围为 7.13～8.48，全年均值为 8.02，在不同季节之间的水体 pH 值有差异，春季 pH 值最高，夏季 pH 值最低。空间上，牛耳港河 pH 值较其他河道低，如图 3.12 所示。

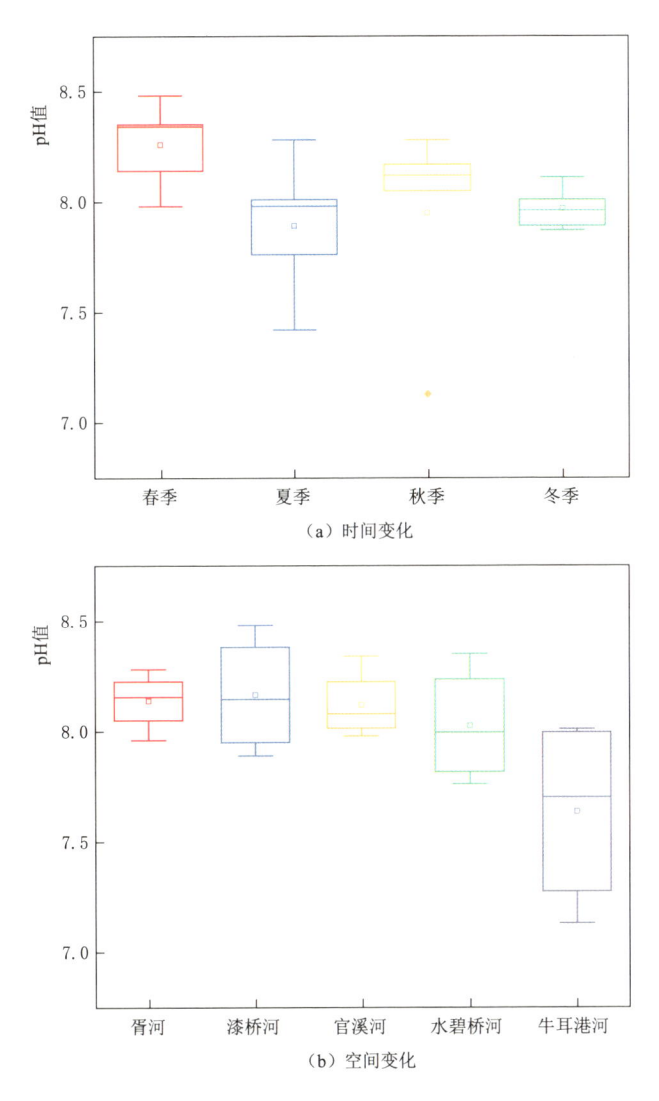

(a) 时间变化

(b) 空间变化

图 3.12　2021 年固城湖出入湖水体酸碱度时空变化

3. 水体溶解氧含量

2021年固城湖出入湖河道的水体溶解氧含量分布为2.72～12.15mg/L，全年均值为8.29mg/L。夏季和秋季的水体溶解氧要低于春季和冬季，但不同河道之间的差异并不显著，只有牛耳港河的溶解氧偏低，如图3.13所示。

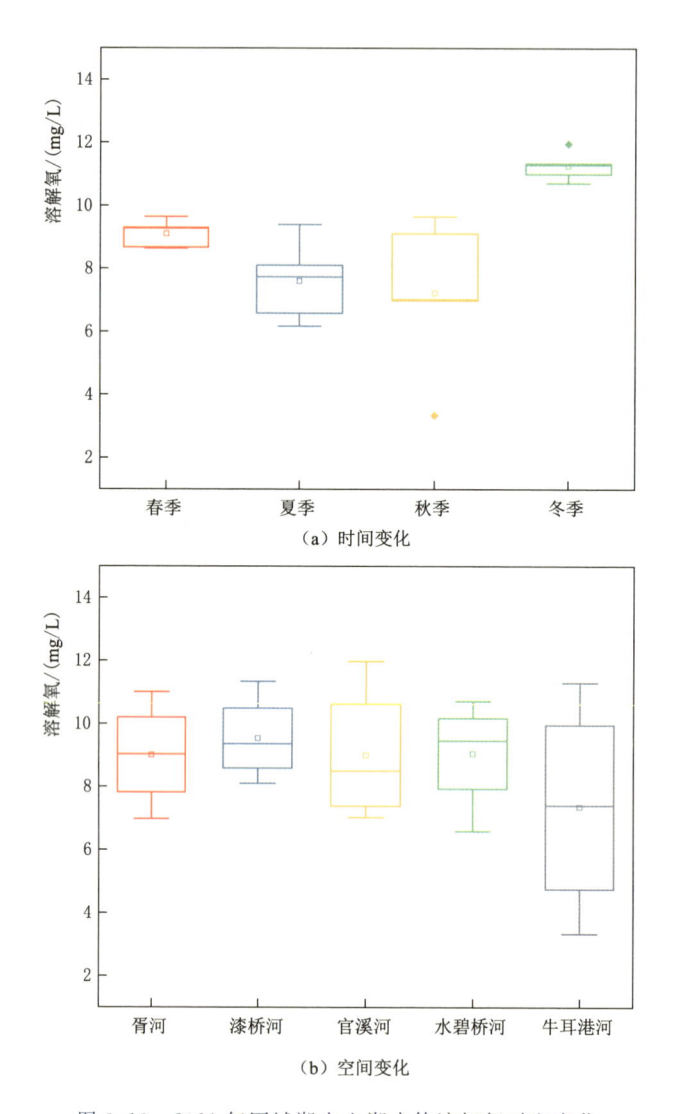

(a) 时间变化

(b) 空间变化

图3.13　2021年固城湖出入湖水体溶解氧时空变化

4. 水体电导率

2021年固城湖出入湖的水体电导率范围为 22.48～555.5μS/cm，全年均值为 229.73μS/cm。电导率在不同季节之间存在下降趋势，春季最高，冬季最低。空间上，各出入湖中漆桥河、官溪河的电导率较高，牛耳港河电导率最低，如图 3.14 所示。

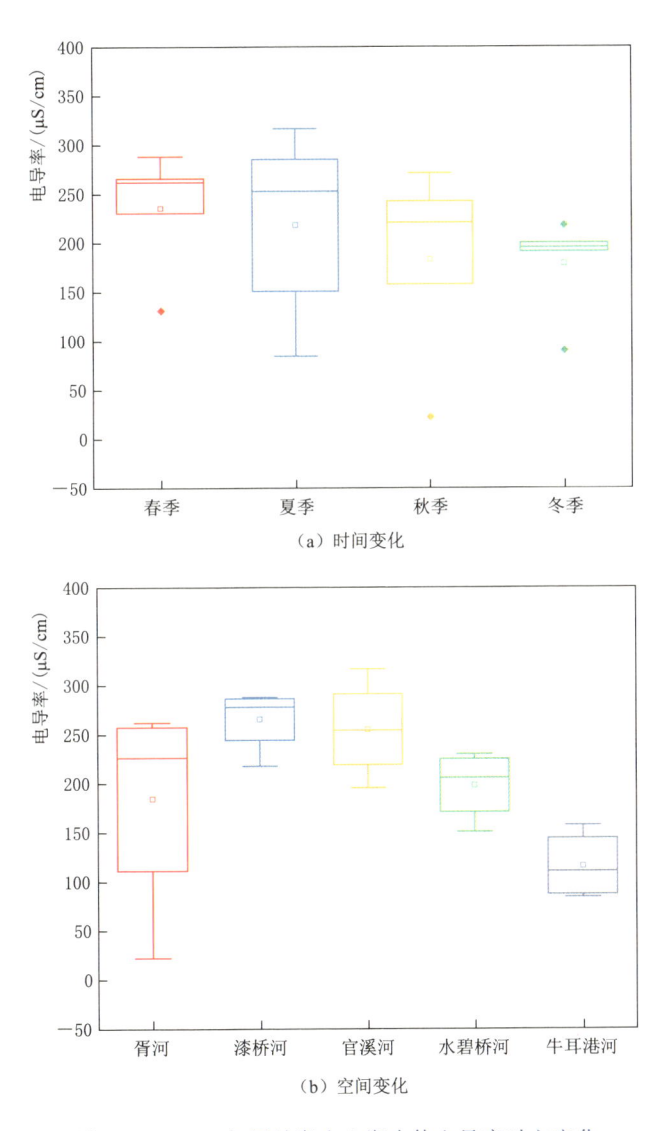

(a) 时间变化

(b) 空间变化

图 3.14　2021年固城湖出入湖水体电导率时空变化

5. 水体矿化度（总溶解性固体含量）

2021年固城湖出入湖的水体矿化度范围为54.19～441.18mg/L，全年均值为171.68mg/L。固城湖的水体矿化度在春季和冬季较高，不同河道之间相比，水碧桥河和牛耳港河的水体矿化度较低，如图3.15所示。

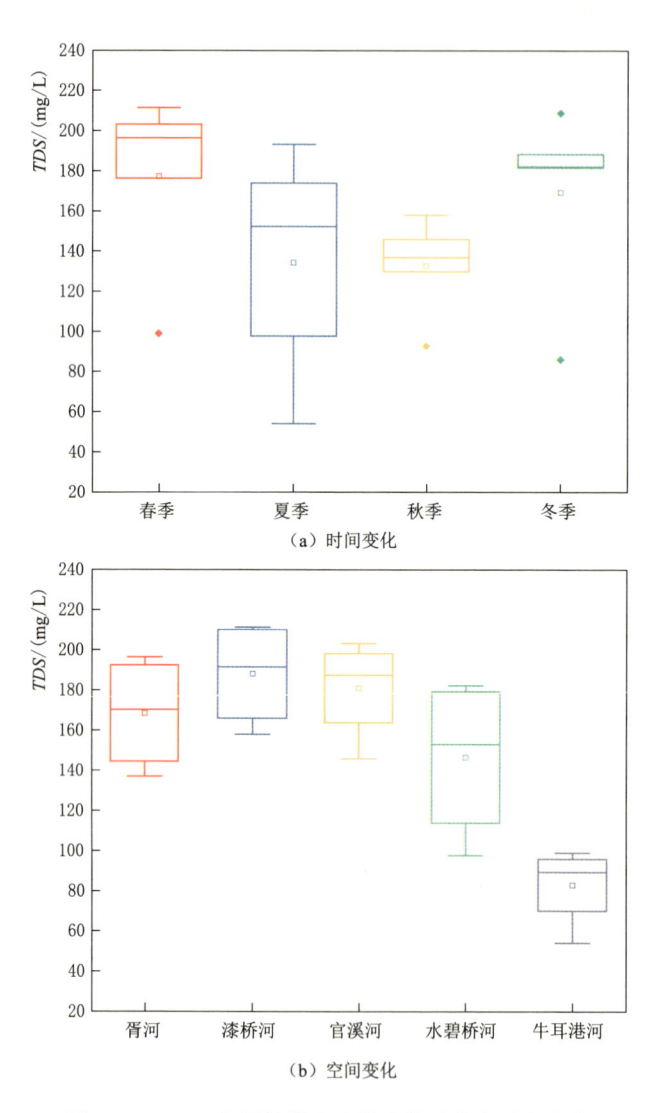

（a）时间变化

（b）空间变化

图 3.15　2021年固城湖出入湖水体矿化度时空变化

6. 水体浊度

2021 年固城湖出入湖的水体浊度分布为 1.99～194.83FNU，全年均值为 22.02FNU。时间上，夏季出入湖河道的浊度最高，秋季最低。空间上，水碧桥河的水体浊度要高于其他河道，如图 3.16 所示。

水体浊度的大小反映出水体中悬浮物质、不溶解性物质的多寡。因此，可以判断出水碧桥河中的悬浮物含量较高。

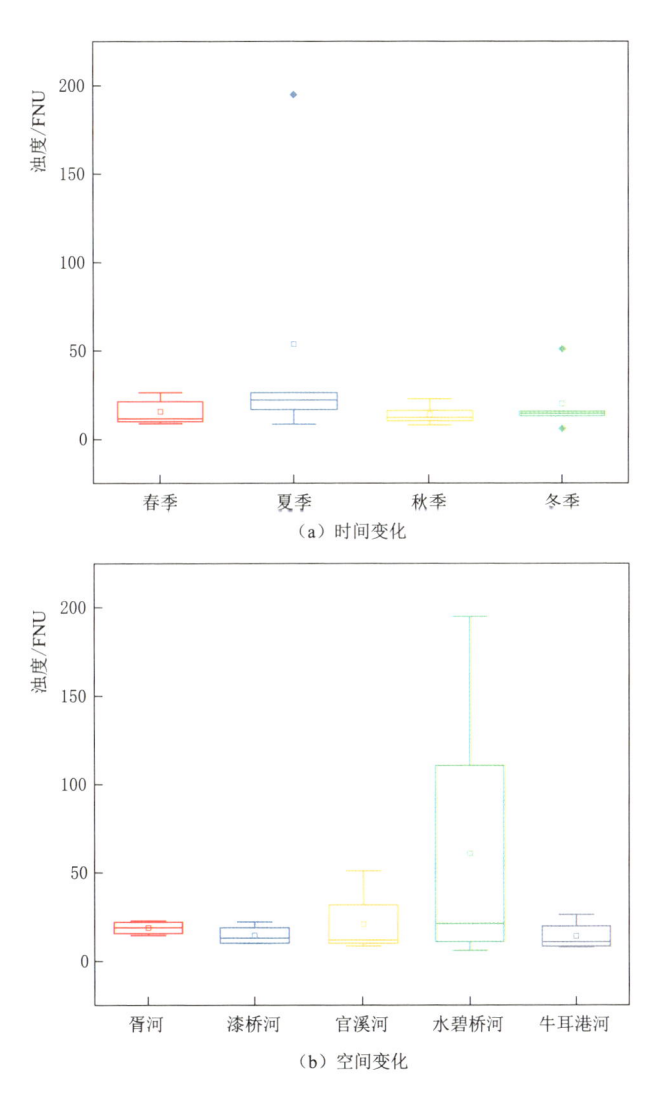

(a) 时间变化

(b) 空间变化

图 3.16　2021 年固城湖出入湖水体浊度时空变化

7. 水体叶绿素含量

2021年固城湖出入湖河道的水体中Chla含量分布范围为0.60~17.35μg/L，均值为5.42μg/L。夏季、秋季的叶绿素含量要高于其他季节，春季的叶绿素含量最低。在空间上，牛耳港河的叶绿素含量低于其他河道，胥河的叶绿素含量最高，如图3.17所示。

这一结果表明，在胥河、漆桥河、官溪河、水碧桥河和牛耳港河等河道中，胥河的水体初级生产力最高。

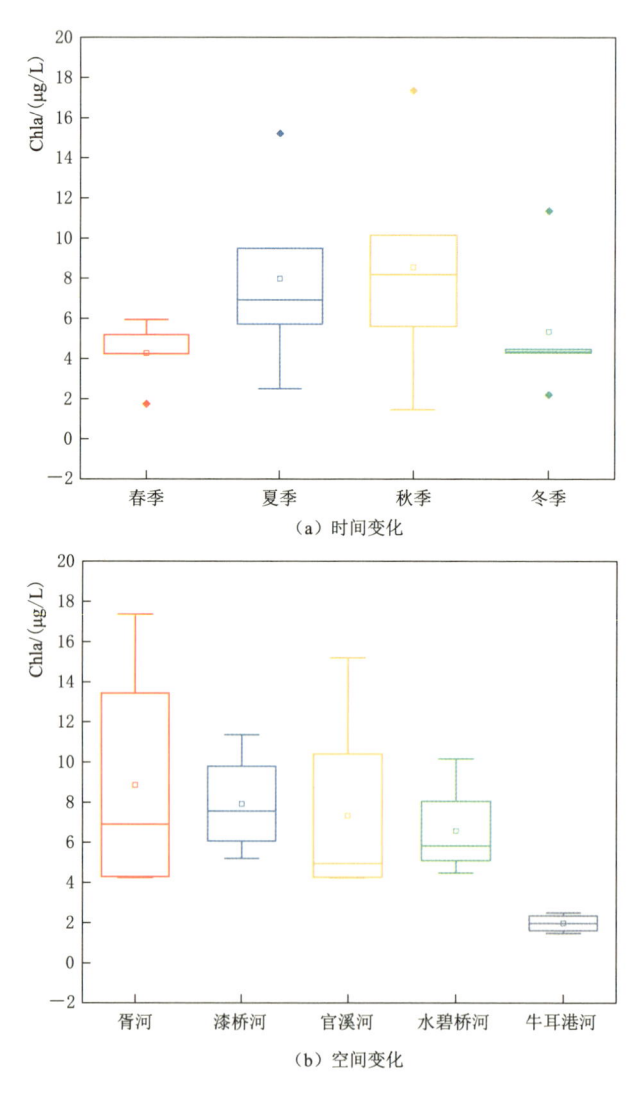

（a）时间变化

（b）空间变化

图 3.17　2021年固城湖出入湖水体叶绿素时空变化

3.2.4 出入湖河道水体营养盐时空差异分布研究

2021年固城湖出入湖河道的水体高锰酸盐指数为2.3~5.1mg/L，均值为4.0mg/L。参照《地表水环境质量标准》(GB 3838—2002)，整体上处于Ⅱ类水水平。不同季节之间的水体高锰酸盐指数差异不明显，但相对来说，固城湖不同出入湖河道之间的水体高锰酸盐指数有差异，胥河和漆桥河的高锰酸盐指数高于其他河道，牛耳港河的高锰酸盐指数最低，如图3.18所示。

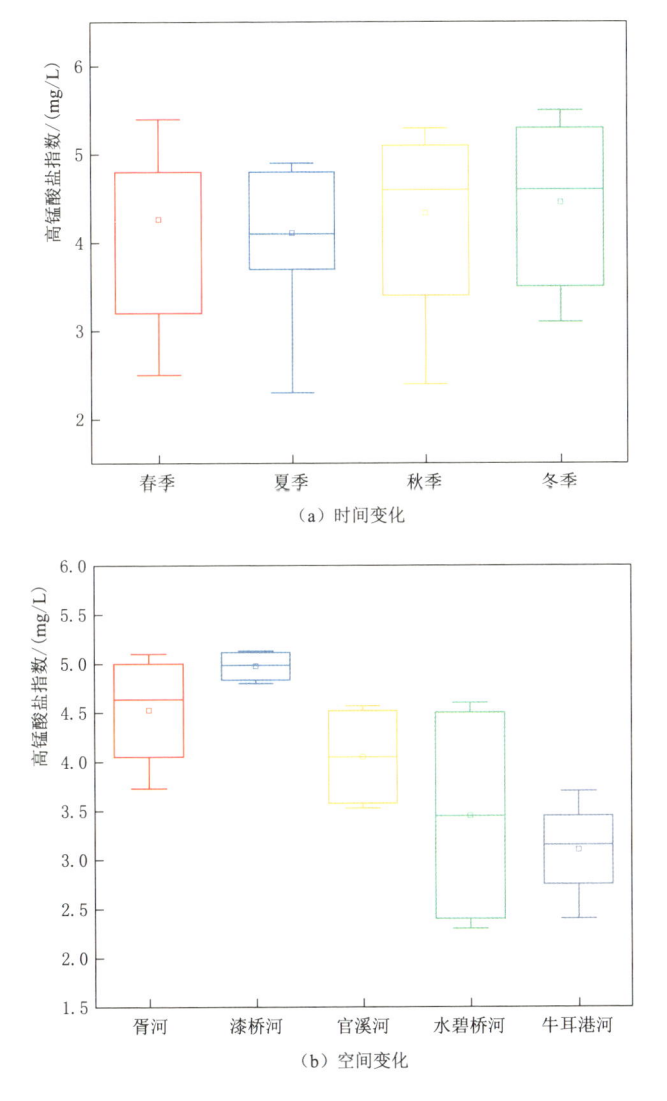

(a) 时间变化

(b) 空间变化

图3.18 2021年固城湖出入湖水体高锰酸盐指数时空变化

2021年固城湖出入湖的水体氨氮浓度分布范围为0.05~0.50mg/L，均值为0.19mg/L，基本上处于Ⅱ类水水平。春季、冬季氨氮浓度高于夏季、秋季。空间上，漆桥河的氨氮浓度最高，官溪河的氨氮浓度最低，如图3.19所示。

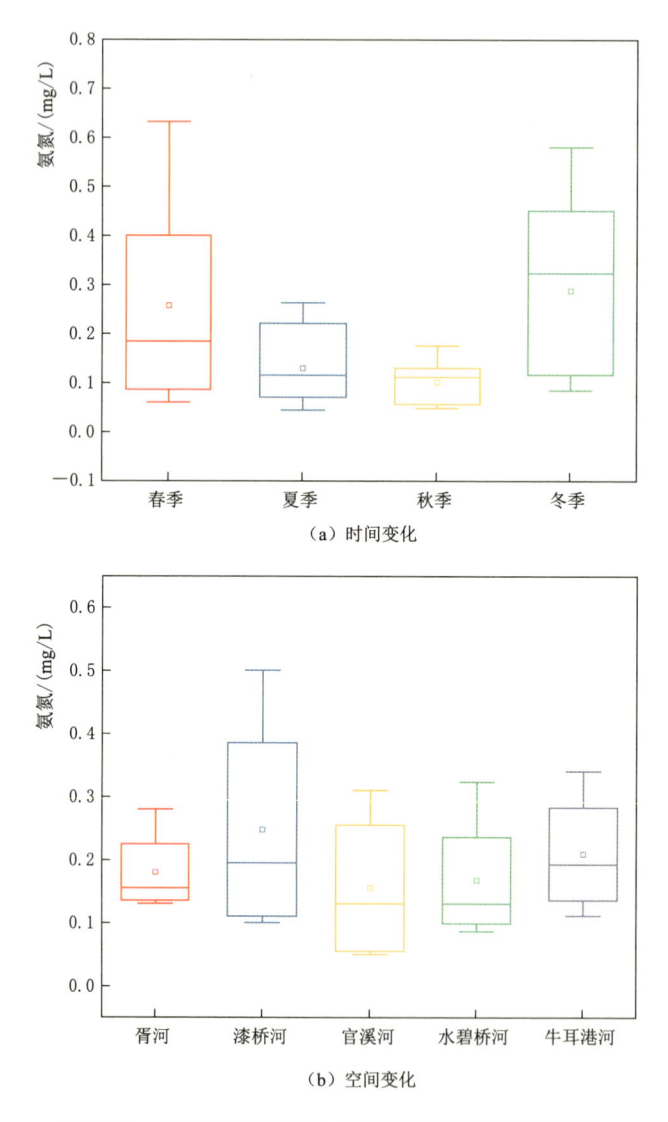

（a）时间变化

（b）空间变化

图3.19　2021年固城湖出入湖水体氨氮浓度时空变化

2021年固城湖出入湖的水体总氮浓度分布范围为0.54~2.26mg/L，均值为1.43mg/L，处于Ⅳ类水水平。不同季节之间的水体总氮浓度存在差异，春季的总氮浓度最高，秋季的总氮浓度最低。空间上，胥河的水体总氮浓度最高，牛耳港河的总氮浓度最低，如图3.20所示。

（a）时间变化

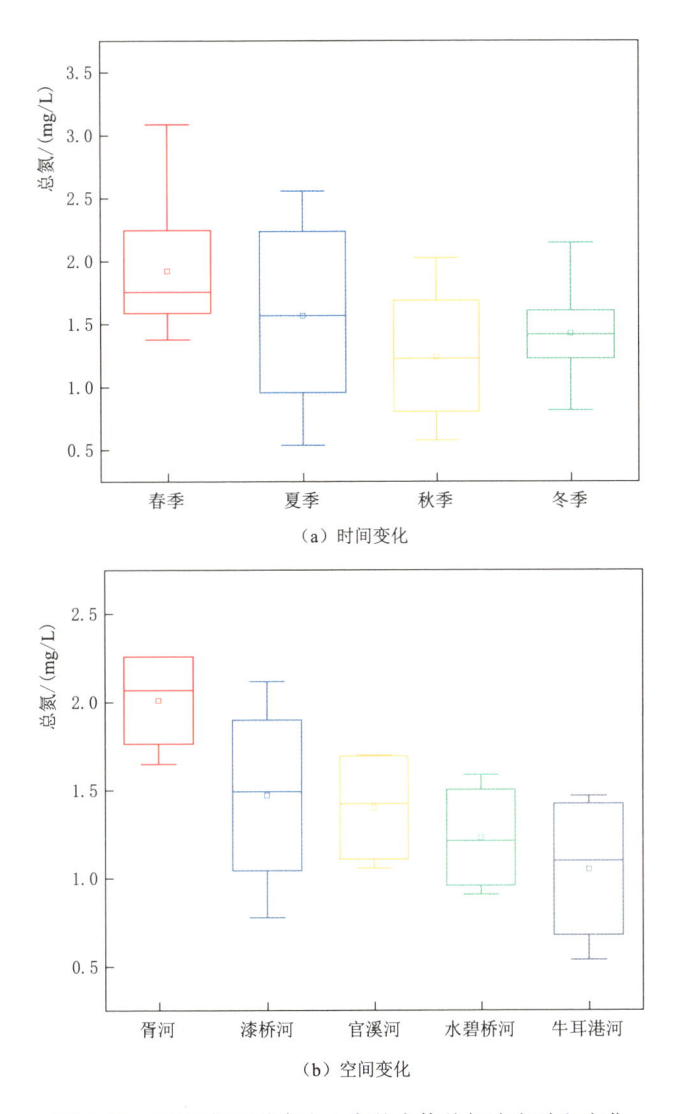

（b）空间变化

图 3.20　2021 年固城湖出入湖的水体总氮浓度时空变化

2021年固城湖出入湖的水体总磷浓度分布范围为0.01~0.09mg/L，均值为0.05mg/L，基本上处于Ⅱ类水水平。春季、夏季和冬季的总磷浓度略高于秋季，牛耳港河总磷浓度低于其他河道，如图3.21所示。

总结2021年固城湖出入湖河道中水体的各项营养盐指标，出入湖河道的主要污染物是总氮与总磷，而与湖区的水质营养盐指标相比较，出入湖河道的水体总氮总磷浓度都高于湖区，且污染物的程度更高，湖区的营养盐浓度呈现出输入大于输出，出入湖河道对湖区的污染贡献程度较高。

此外，结合流量数据计算入湖河道的污染贡献量，2021 年度全年胥河、漆桥河、官溪河以及水碧桥河的污染物输入总量为：高锰酸盐指数 10.26×10^2 t，氨氮 51.65t，总氮 3.77×10^2 t，总磷 12.97t，如图 3.22 所示。

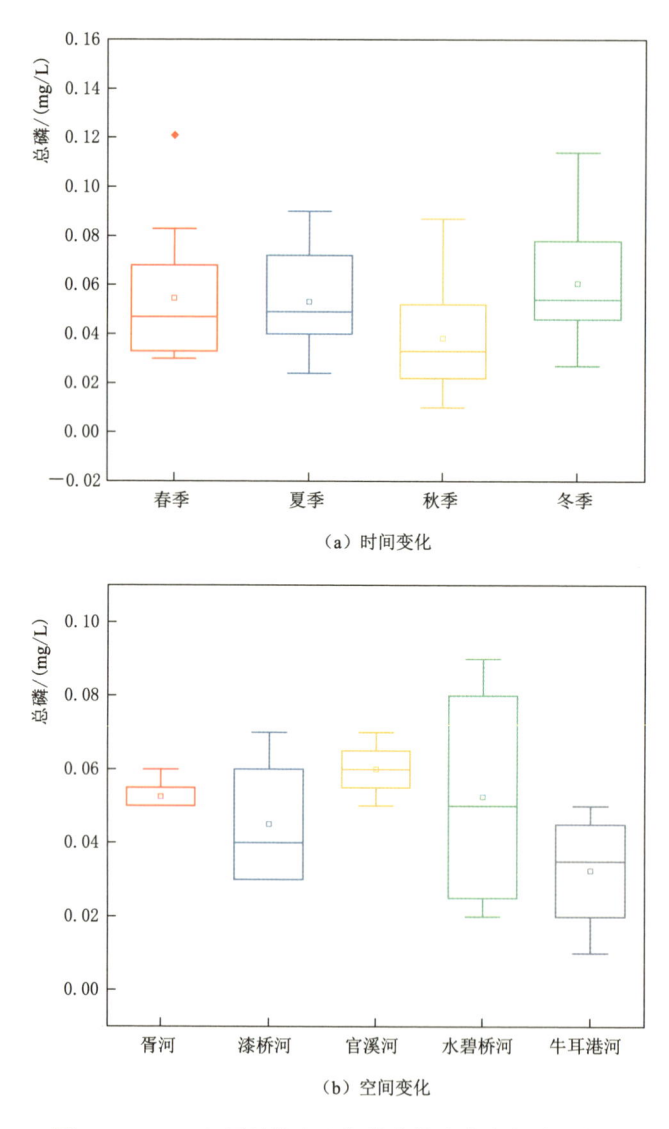

(a) 时间变化

(b) 空间变化

图 3.21 2021 年固城湖出入湖的水体总磷浓度时空变化

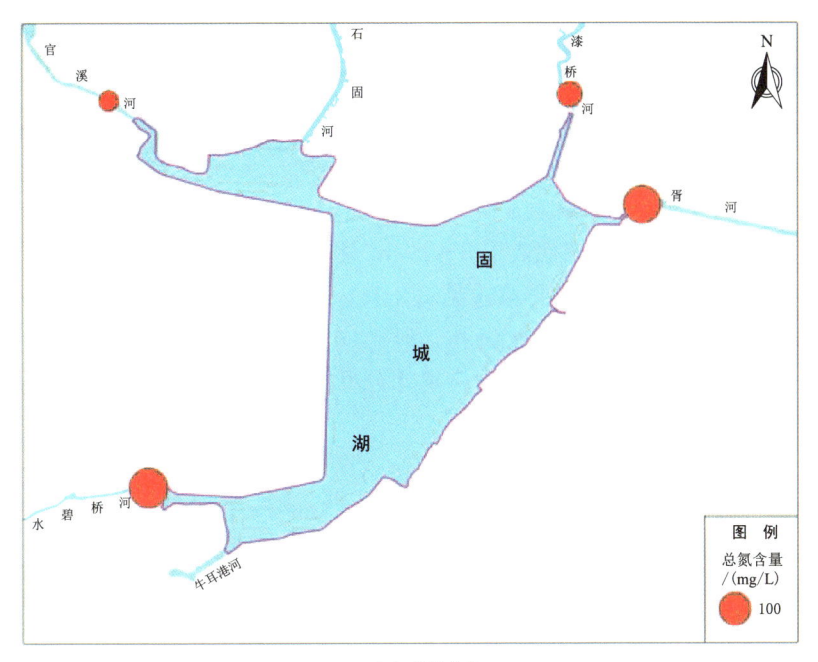

(a) 总氮含量

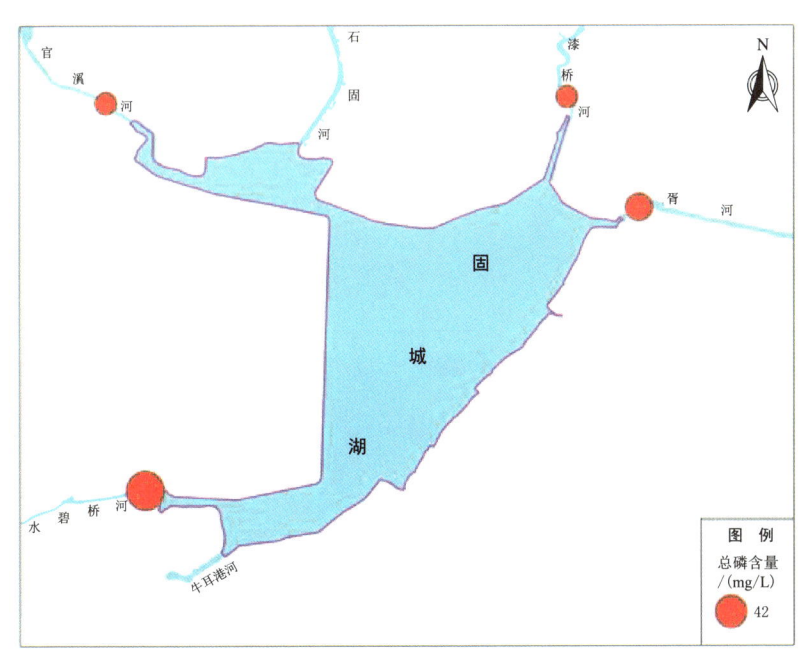

(b) 总磷含量

图 3.22　2021 年固城湖入湖河道的污染物含量

3.3 沉积物分布特征研究

3.3.1 沉积物样品采集和评价方法

1. 沉积物样品采集和测定方法

用取泥器采集固城湖湖底表层 0～20cm 柱状沉积物，采集样点为 gch-1～gch-10（监测站点设置和采样频次见 1.2 节），用聚乙烯塑料袋密封，带回实验室经冷冻干燥机后，去除沉积物杂物，研磨成粉末状，用 200 目尼龙网筛筛选后备用[24-25]。总磷、总氮、有机质质量比分别采用钼锑抗分光光度法、凯式定氮法和重铬酸钾容量法测定[26-27]。

2. 沉积物污染程度评价方法

目前，国内未有系统的湖泊沉积物生态风险评价规范，沉积物污染等级评价主要参考《全国河流湖泊水库底泥污染状况调查评价》。

3.3.2 沉积物分布特征变化研究

2021 年固城湖各监测底泥总磷的空间分布较为均衡，各采样点底泥总磷含量范围为 494.6～728.6mg/kg，全湖平均为 583.5mg/kg。参考《全国河流湖泊水库底泥污染状况调查评价》，为一级断面。

2021 年固城湖底泥总氮的空间分布呈现明显的地理特征，中部区域底泥的总氮含量相对较高。各采样点底泥总氮含量范围为 2342.0～4581.0mg/kg，全湖平均为 3513.9mg/kg。参考《全国河流湖泊水库底泥污染状况调查评价》，为四级断面。

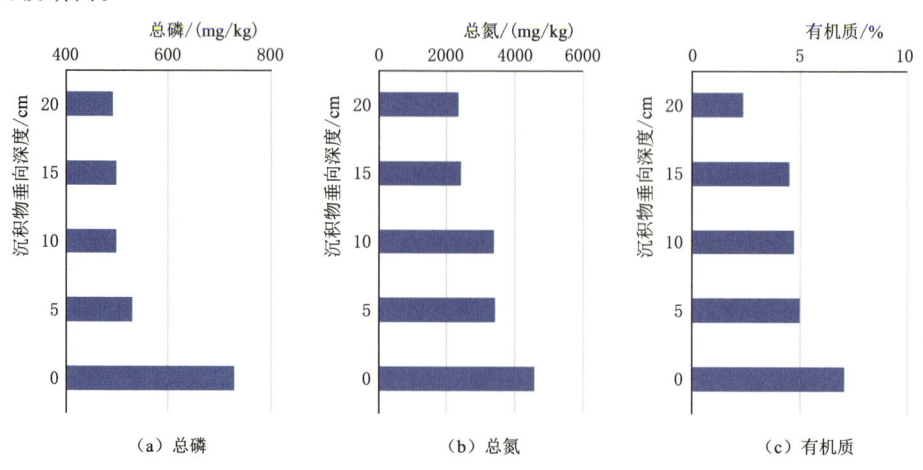

图 3.23 2021 年固城湖沉积物营养盐垂向分布特征

2021年固城湖底泥有机质的空间分布表现为中部和南部区域监测点数值较高。各采样点底泥有机质含量范围为2.37%～7.08%，平均为5.15%所示。参考《全国河流湖泊水库底泥污染状况调查评价》，为二级断面，如图3.23所示。

3.4 多年湖区水体营养状态变化趋势研究

3.4.1 多年湖区水质变化趋势研究

根据固城湖2008—2021年水质监测资料[28-30]，2008—2021年总氮浓度范围为0.88～1.52mg/L，2008—2010年呈逐渐上升趋势，随后至2014年又逐渐降低，2015—2021年较为平稳，单项水质类别为Ⅲ～Ⅴ类，如图3.24所示。2008—2021年总磷浓度范围为0.031～0.063mg/L，波动较小，最高值出现在2015年，单项水质类别为Ⅲ～Ⅳ类，如图3.25所示。

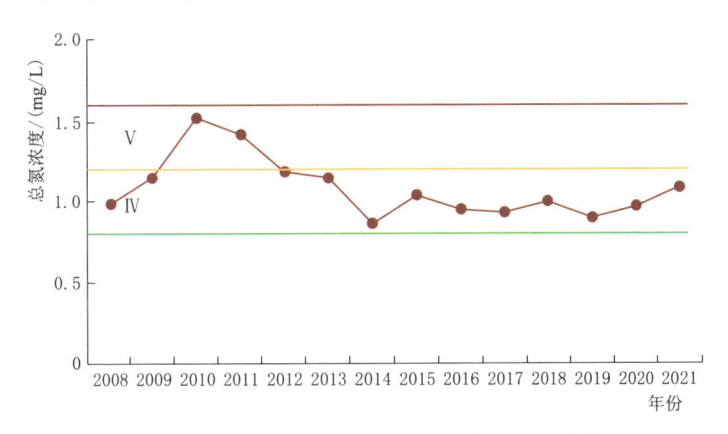

图3.24　2008—2021年固城湖全湖区总氮变化

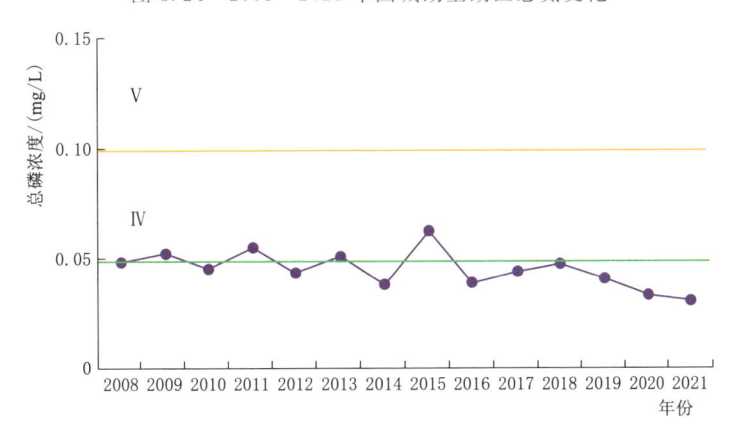

图3.25　2008—2021年固城湖全湖区总磷变化

3.4.2　多年湖区水体综合营养状态变化趋势研究

固城湖 2008—2021 年综合营养状态指数均值为 51.4，介于 48.6～54.5，如图 3.26 所示，除 2016—2018 年低于 50，营养状况属于中营养外，其他年份均处于轻度富营养，这与曾庆飞等研究结果相一致[31]。从历年变化趋势上看，自 2015 年开始，固城湖综合营养状态指数有所下降后趋于稳定。

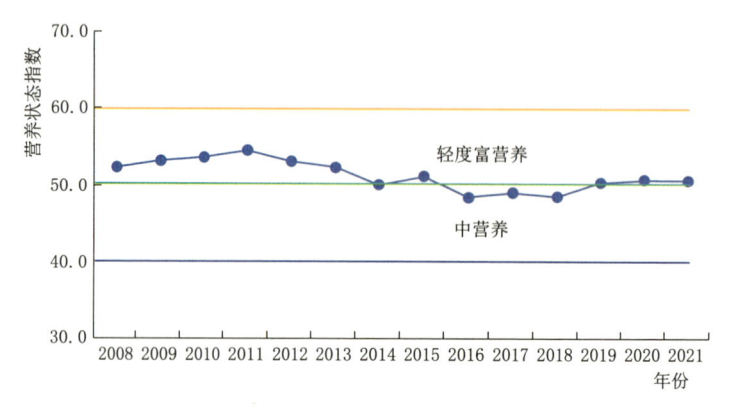

图 3.26　2008—2021 年固城湖湖区水体综合营养状态指数变化

第4章

水生高等植物群落特征研究

4.1 样品采集方法

大型水生高等植物是水域水生态系统结构中的重要组成部分，其组成和分布对水域生态系统结构、功能都有显著的影响。调查组依据固城湖遥感影像均匀设置采样点位，并将点位经纬度坐标导入 GPS。选取均匀性较好的群落采样，沉水和浮叶植物采集方法[32-35]：用采样夹在 1m×1m 范围内（面积为 $0.2m^2$）将水草连根带泥全部夹取，洗净后，除去枯枝烂叶等杂物，及时鉴别种类，并分类称量水生植物鲜重，换算生物量。挺水植物采用边长 1m 的 PVC 管方框采样，记录群落特征，并及时齐根收割称取鲜重。每个采样点位均需随机采集 2～3 次。

4.2 水生高等植物种类组成

2021 年春季固城湖水生高等植物共计 11 种，分别隶属于 7 科，如图 4.1 所示。按生活型计，沉水植物 5 种，浮叶植物 2 种，挺水植物 4 种，其中绝对优势种为沉水植物菹草。

夏季固城湖水生高等植物共计 3 种，隶属于 1 科，见表 4.1。按生活型计，均为挺水植物，其中绝对优势种为芦苇。

表 4.1 　　　　　2021 年固城湖湖区水生植物统计表

物 种 名 称	春季	夏季	生活型
菱科			
欧菱	√		浮叶
小二仙草科			
穗状狐尾藻	√		沉水

续表

物 种 名 称	春季	夏季	生活型
龙胆科			
荇菜	√		浮叶
眼子菜科			
菹草	√		沉水
竹叶眼子菜	√		沉水
水鳖科			
苦草	√		沉水
水鳖	√		浮叶
禾本科			
芦苇	√	√	挺水
稗	√	√	挺水
菰	√	√	挺水
苋科			
空心莲子草	√		挺水

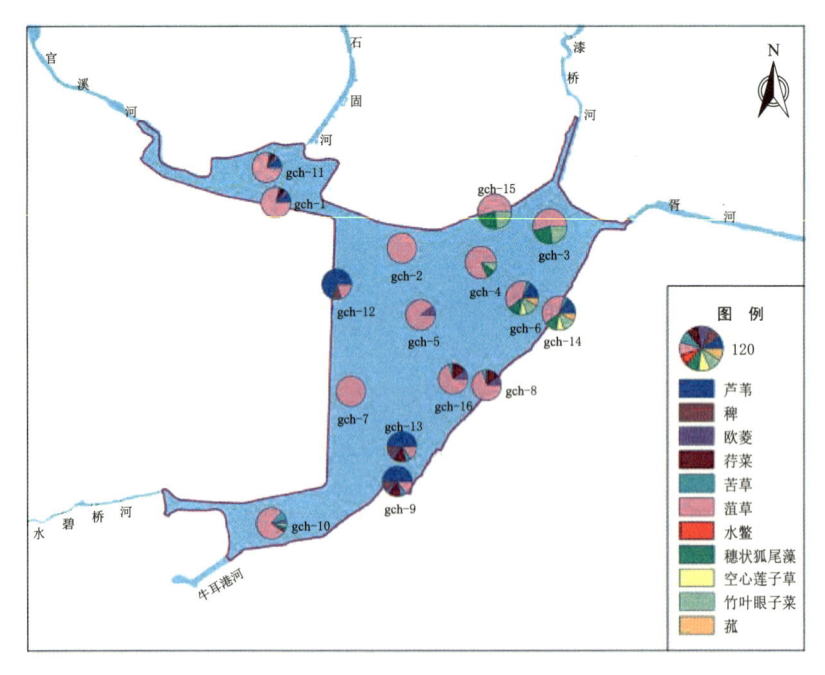

(a) 春季水生植物组成

图 4.1（一） 2021 年固城湖水生植物群落的种类组成

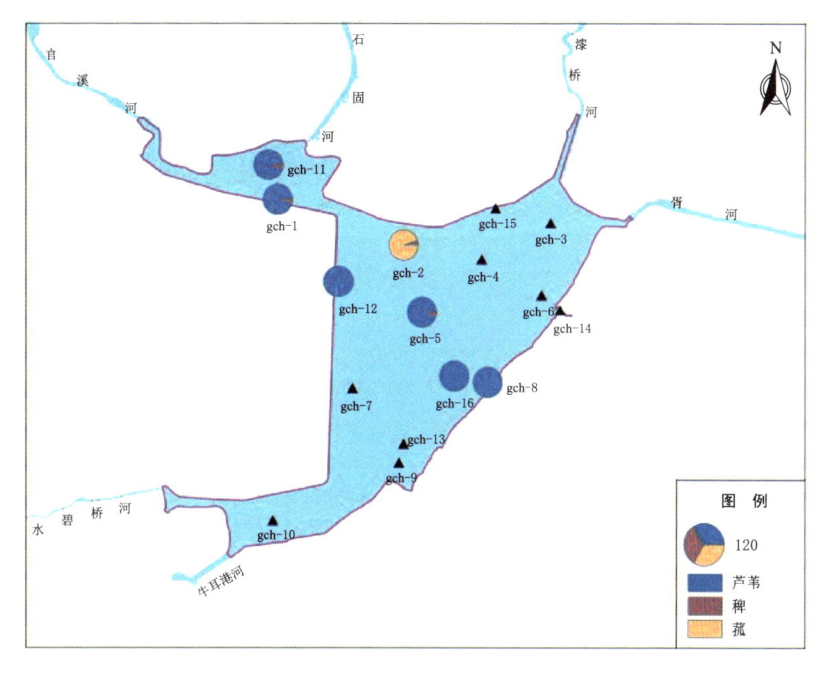

水生高等植物生物量与盖度的空间分布研究 | 4.3

(b) 夏季水生植物组成

图 4.1（二） 2021 年固城湖水生植物群落的种类组成

4.3 水生高等植物生物量与盖度的空间分布研究

2021 年固城湖春季的菹草频度较高，达到了 93.7%；夏季的芦苇出现频度最高，达到 43.7%，见表 4.2。

表 4.2 2021 年固城湖水生植物类别及频度

水生植物种类	生活型	频度/%	
		春季	夏季
菱科			
欧菱	浮叶	3.3	
小二仙草科			
穗状狐尾藻	沉水	6.5	
龙胆科			
荇菜	浮叶	4.3	
眼子菜科			
菹草	沉水	93.7	
竹叶眼子菜	沉水	6.5	

51

续表

水生植物种类	生活型	频度/% 春季	频度/% 夏季
水鳖科			
苦草	沉水	2.7	
水鳖	浮叶	0.1	
禾本科			
芦苇	挺水	14.3	43.7
稗	挺水	1.8	1.2
菰	挺水	1.2	5.9
苋科			
空心莲子草	挺水	1.2	

2021年春季固城湖16个样点水生植物平均生物量约为 $0.94kg/m^2$，单位面积生物总量最高为 $3.2kg/m^2$；夏季固城湖16个样点水生植物平均生物量约 $0.98kg/m^2$，单位面积生物总量最高达 $2.5kg/m^2$，如图4.2所示。

调查结果显示：从两次调查结果可以看出，夏季固城湖水生植物的生物量比春季数值略高，菹草为春季的主要优势种，全湖区的大多数点位均监测到，随着进入9月以后菹草逐渐衰亡，在各点均未发现，如图4.3所示。

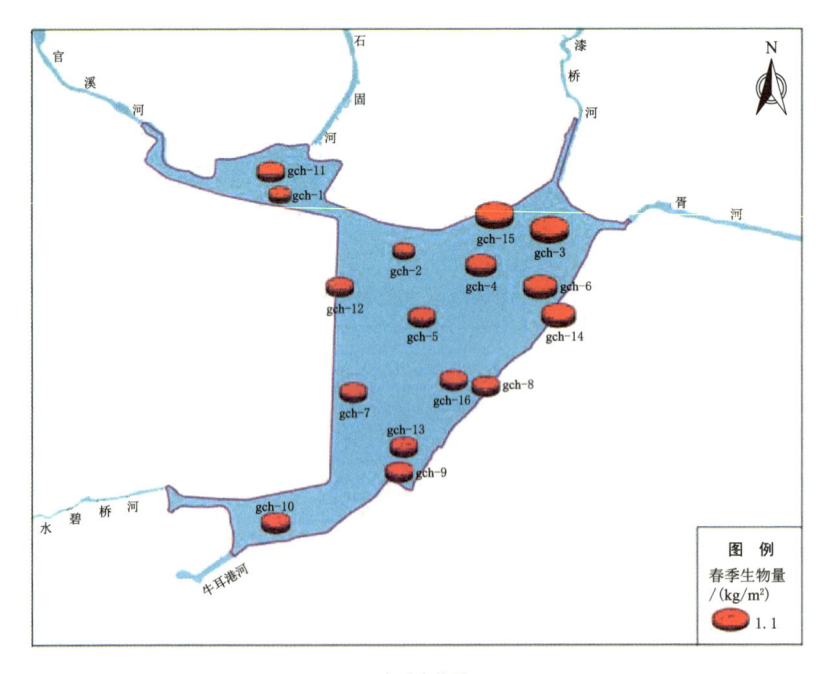

(a) 春季生物量

图 4.2 (一) 2021 年固城湖水生植物生物量的空间分布

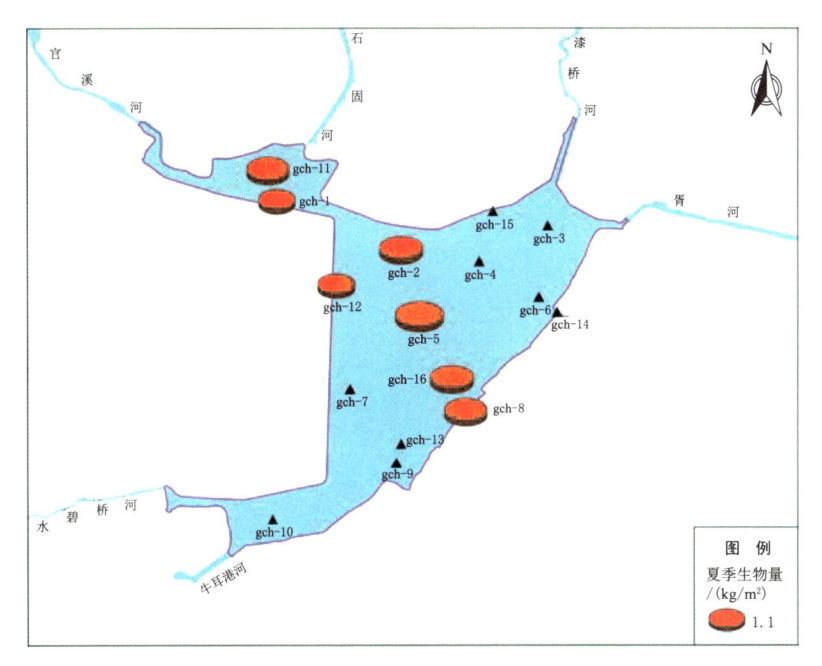

(b）夏季生物量

图 4.2（二） 2021 年固城湖水生植物生物量的空间分布

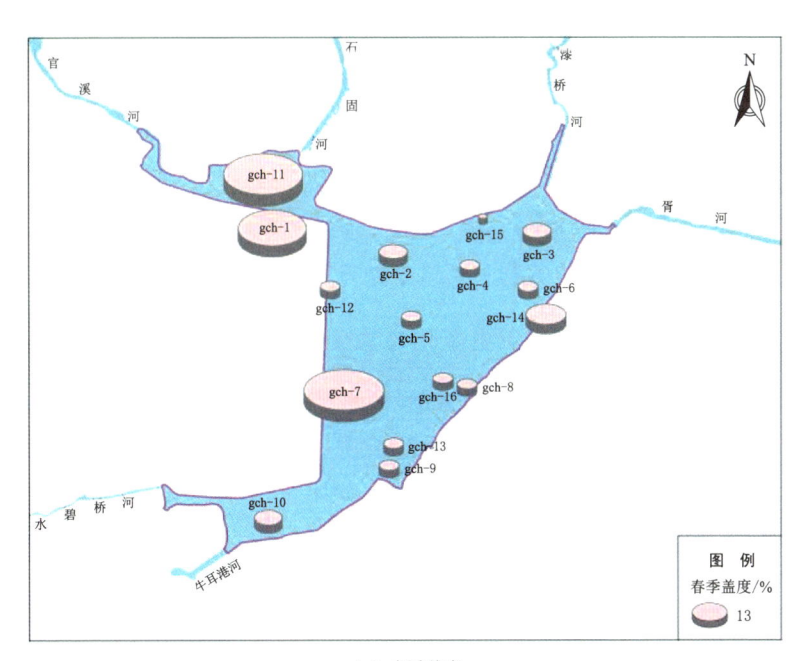

(a）春季盖度

图 4.3（一） 2021 年固城湖水生植物盖度的空间分布

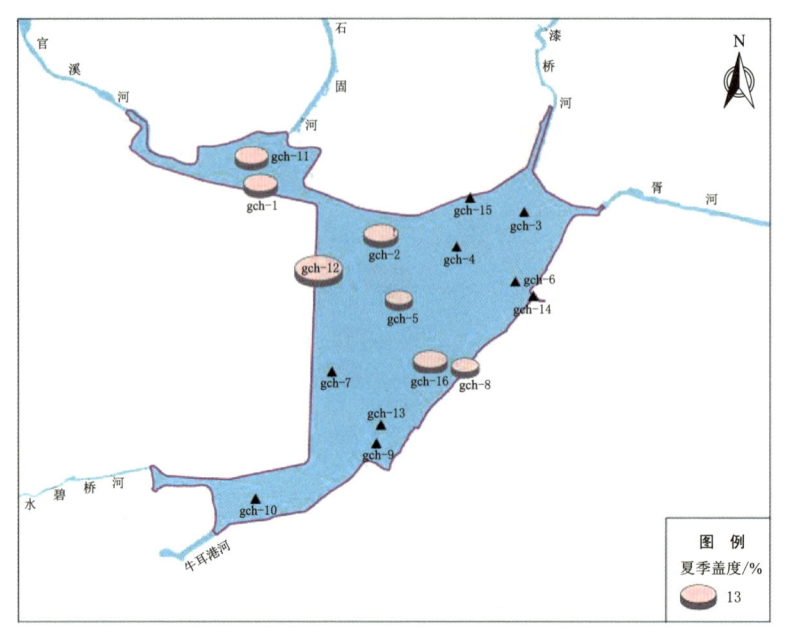

(b）夏季盖度

图 4.3（二）　2021 年固城湖水生植物盖度的空间分布

4.4　水生高等植物特征历史变化研究

对比固城湖监测历年（2013 年、2015 年、2017 年、2018 年、2019 年、2020 年）的大型水生高等植物与本年度的差异，分别从水生植物的种类组成、生物量以及盖度等角度对其历史变化趋势进行研究。

4.4.1　种类组成及优势种的历史变化趋势研究

2013 年春季固城湖大型水生植物共计 11 种，分别隶属于 7 科。按生活型计，挺水植物 3 种，沉水植物 5 种，浮叶植物 2 种，漂浮植物 1 种，其中绝对优势种为沉水植物菹草。2013 年夏季固城湖大型水生植物共计 5 种，分别隶属于 5 科。按生活型计，挺水植物 1 种，沉水植物 3 种，浮叶植物 1 种，其中绝对优势种为沉水植物竹叶眼子菜和穗状狐尾藻。

2015 年春季固城湖大型水生植物共计 11 种，分别隶属于 8 科。按生活型计，挺水植物 1 种，沉水植物 6 种，浮叶植物 3 种，漂浮植物 1 种，其中绝对优势种为沉水植物菹草。2015 年夏季固城湖大型水生植物共计 11 种，分别隶属于

9科。按生活型计，挺水植物1种，沉水植物6种，浮叶植物2种，漂浮植物2种，其中绝对优势种为沉水植物竹叶眼子菜和苻菜。

2017年春季固城湖水生高等植物共计5种，分别隶属于5科。按生活型计，沉水植物3种，浮叶植物1种，挺水植物1种，其中绝对优势种为沉水植物菹草。2017年夏季固城湖水生高等植物共计9种，分别隶属于7科。按生活型计，挺水植物4种，沉水植物3种，漂浮植物1种，浮叶植物1种，其中绝对优势种为沉水植物竹叶眼子菜和挺水植物芦苇。

2018年春季固城湖水生高等植物共计7种，分别隶属于7科。按生活型计，沉水植物3种，浮叶植物1种，挺水植物2种，漂浮植物1种，其中绝对优势种为沉水植物菹草。2018年夏季固城湖水生高等植物共计7种，分别隶属于7科。按生活型计，沉水植物3种，挺水植物4种，其中绝对优势种为芦苇、苻菜。

2019年春季固城湖水生高等植物共计10种，分别隶属于7科。按生活型计，沉水植物4种，浮叶植物2种，挺水植物4种，其中绝对优势种为沉水植物菹草。2019年夏季固城湖水生高等植物共计9种，分别隶属于7科。按生活型计，沉水植物4种，挺水植物4种，浮叶植物1种，其中绝对优势种为芦苇、苻菜。

2020年春季固城湖水生高等植物共计10种，分别隶属于7科。按生活型计沉水植物4种，浮叶植物2种，挺水植物4种，其中绝对优势种为沉水植物菹草。2020年夏季固城湖水生高等植物共计3种，隶属于1科。按生活型计，均为挺水植物（其他水生植物被人工打捞），其中绝对优势种为芦苇。

2021年春季固城湖水生高等植物共计11种，分别隶属于7科。按生活型计，沉水植物5种，浮叶植物2种，挺水植物4种，其中绝对优势种为沉水植物菹草。夏季固城湖水生高等植物共计3种，隶属于1科。按生活型计，均为挺水植物，其中绝对优势种为芦苇。

总结上述历年来的大型水生高等植物的调查数据，得到固城湖近几年来水生高等植物种类数量的变化情况，如图4.4所示。春季的监测结果显示，固城湖水生高等植物的种类数量2013—2017年呈减少趋势，随后呈增加趋势；夏季监测结果显示，固城湖水生高等植物的种类数量变化幅度大，2020年种类最少（人工打捞原因）。整体上，2013—2021年，固城湖水生高等植物的种类数量呈下降趋势。此外，挺水植物、沉水植物历年间的种类差异不大，构成了水生植物群落的主要组成部分；浮叶植物相对较少，漂浮植物种类有减少的趋势。

4.4.2 生物量历史变化趋势研究

2013年春季固城湖全湖水生植物平均生物量为0.70kg/m²；gch-11、gch-12、gch-13采样点单位面积生物总量最高，分别为2.34kg/m²、2.63kg/m²、

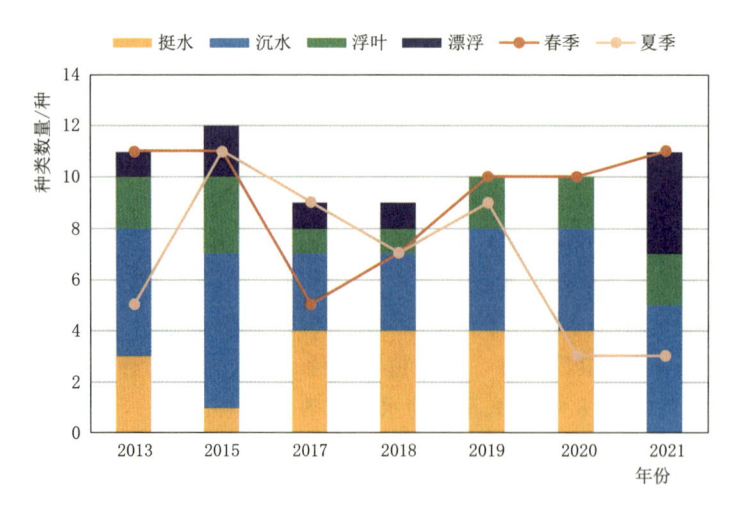

图 4.4 固城湖水生高等植物种类数历史变化

$2.02kg/m^2$。2013年夏季固城湖全湖水生植物平均生物量为$0.73kg/m^2$，gch-11、gch-12、gch-14采样点单位面积生物总量最高，分别为$3.05kg/m^2$、$2.07kg/m^2$、$2.11kg/m^2$。

2015年春季水草固城湖全湖水生植物平均生物量为$0.527\ kg/m^2$，gch-11、gch-12、gch-15采样点单位面积生物总量最高，分别为$0.900kg/m^2$、$4.000kg/m^2$、$2.250kg/m^2$，2015年9月固城湖全湖水生植物平均生物量为$1.216\ kg/m^2$，gch-12、gch-14、gch-15采样点单位面积生物总量最高，分别为$6.000kg/m^2$、$3.75kg/m^2$、$4.500kg/m^2$。

2017年春季固城湖16个样点水生植物平均生物量为$0.34kg/m^2$，其中gch-11单位面积生物总量最高为$2.4kg/m^2$；夏季固城湖16个采样点水生植物平均生物量为$1.01kg/m^2$，其中gch-12采样点单位面积生物总量最高为$4kg/m^2$。

2018年春季固城湖全湖水生植物平均生物量为$0.58kg/m^2$，其中gch-1、gch-3和gch-15采样点单位面积生物总量最高均为$2.4kg/m^2$，gch-16采样点并未监测到水生高等植物；2018年夏季水生植物平均生物量为$0.975kg/m^2$，其中gch-12采样点单位面积生物总量最高$3.5kg/m^2$。

2019年春季固城湖16个采样点水生植物平均生物量为$0.981kg/m^2$，其中gch-7采样点单位面积生物总量最高为$2.4kg/m^2$，其次为gch-1和gch-11采样点（生物量为$1.9\ kg/m^2$），gch-3采样点由于在航道中，生物量最低；夏季固城湖16个采样点水生植物平均生物量为$1.313kg/m^2$，其中gch-2采样点单位面积生物总量最高为$3.5kg/m^2$，在9月的生态监测中在gch-1、gch-3～gch-9和gch-16采样点并未监测到水生高等植物。

2020年春季固城湖16个采样点水生植物平均生物量为0.944kg/m²,其中gch-7采样点单位面积生物总量最高为2.6kg/m²,其次为gch-1和gch-11采样点(生物量为2.1kg/m²),gch-3采样点由于在航道中,生物量最低;夏季固城湖16个采样点水生植物平均生物量为0.988kg/m²,其中gch-1采样点单位面积生物总量最高为3.2kg/m²,在夏季的生态监测中由于水生植物被人工打捞,仅在堆岛附近监测到水生高等植物。

2021年春季固城湖16个采样点水生植物平均生物量为0.94kg/m²,单位面积生物总量最高为3.2kg/m²;夏季固城湖16个采样点水生植物平均生物量为0.98kg/m²,单位面积生物总量最高达2.5kg/m²。

总结历年来的大型水生高等植物的调查数据,得到固城湖近几年来水生高等植物生物量的变化情况,如图4.5所示。整体上,2013—2021年,水生高等植物的生物量夏季要高于春季,2019年最高,2017年最低。

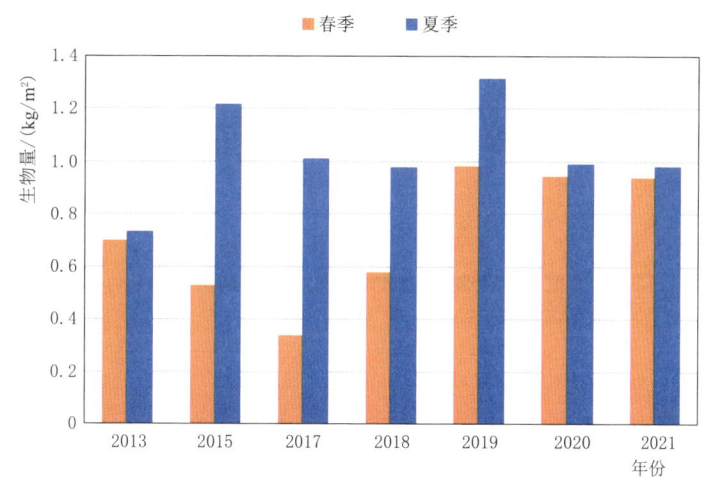

图4.5 固城湖水生高等植物生物量历史变化

4.4.3 盖度历史变化趋势研究

2013年大型水生植物主要分布在固城湖沿岸带及湖中潜埂上,中心水域少有大型水生植物分布。16个采样点中,有大型高等水生植物的,盖度普遍超过70%,其中盖度最小是5%(gch-7采样点),盖度最大是88%(gch-15采样点)。

2015年大型水生植物主要分布在固城湖沿岸带,湖心水域水生植物样品几乎未采集到。2015年春季固城湖水生植物主要分布在gch-11、gch-12、gch-14以及gch-15采样点,盖度分布为40%、90%、30%、100%;2015年夏季固城湖水生植物主要分布在gch-11、gch-12、gch-13、gch-14以及gch-15采样点，盖度分布为100%、100%、90%、100%、100%。

2017年春季固城湖水生植物主要分布在西部的入湖口和东部沿岸带，在gch-11采样点盖度较高，均达到70%，主要以菹草为主；2017年夏季固城湖水生植物在gch-4、gch-10~gch-12采样点盖度较高，达到30%。

2018年春季固城湖水生植物主要分布在西部的入湖口和湖区的东部，在gch-11和gch-14采样点盖度较高，均达到70%；2018年夏季固城湖水生植物在gch-9、gch-12和gch-13采样点盖度均较高，前者为70%、后两者均为60%。

2019年春季固城湖水生植物主要分布在西部的入湖口和湖区的南部，在gch-7、gch-10、gch-5采样点盖度较高，均达到80%以上，主要以菹草为主；2019年9月固城湖水生植物在gch-10、gch-9和gch-14采样点盖度较高，前者为90%，后两者为40%。

2020年春季固城湖水生植物主要分布在西部的入湖口和湖区的南部，在gch-7、gch-1、gch-10、gch-11采样点盖度较高，均达到80%以上。2020年9月固城湖水生植物由于被人工打捞，水生植物盖度不高，gch-1、gch-11采样点盖度相对较高，均为20%。

2021年春季固城湖水生植物主要分布在西北部的小湖区内，在gch-1、gch-11采样点盖度较高，均达到70%以上。2021年9月固城湖水生植物由于被人工打捞，水生植物盖度不高，见表4.3。

表4.3　　　固城湖水生高等植物盖度最大点位的历年变化

年　份		盖度最大点位
2013	春季	gch-15（88%）
	夏季	gch-1（70%）
2015	春季	gch-15（100%）
	夏季	gch-11（100%）、gch-12（100%）、gch-14（100%）、gch-15（100%）
2017	春季	gch-11（70%）
	夏季	gch-10（30%）、gch-11（30%）、gch-12（30%）
2018	春季	gch-11（80%）、gch-14（80%）
	夏季	gch-9（70%）
2019	春季	gch-7（85%）、gch-10（85%）
	夏季	gch-10（40%）、gch-9（40%）
2020	春季	gch-1（90%）、gch-10（90%）、gch-11（90%）
	夏季	gch-1（20%）、gch-11（20%）
2021	春季	gch-1（85%）、gch-11（90%）
	夏季	gch-1（30%）

第 5 章

浮游植物群落特征研究

5.1 样品采集与评价方法

5.1.1 样品采集与处理

采取固城湖 1000mL 表层水装瓶，现场立即加入鲁哥氏液固定，用来杀死样品中浮游植物及其他生物。鲁哥氏液剂量为水体样品的 1%，即 10mL，使样品呈现棕黄色，带回实验室用分液漏斗进行沉淀、浓缩，静置沉淀 48h 后，吸掉上清液，最后剩留 20~30mL 时，将沉淀物移入 50mL 容积的试剂瓶中[36-38]。在显微镜下进行计数，获得单位体积（1L）中浮游植物密度。计数过程中，对数量极少稀有种类，暂时定不了属种的，可先进行计数，留存照片，以备需要时再具体鉴定种类[39-40]。

5.1.2 群落多样性评价方法

浮游植物可以作为生物指标来评价水质，因为浮游植物的种群结构变化是水环境演变的直接后果之一。由于能迅速响应水体环境变化，且不同浮游植物对有机质和其他污染物敏感性不同，因而可以用藻类群落组成来判断不同水域水质状况和水体健康程度[41]。一般来说，浮游植物的多样性越高，其群落结构越复杂，稳定性越大，水质越好；而当水体受到污染时，敏感型种类消失，多样性降低，群落结构趋于简单，稳定性变差，水质下降。浮游植物群落的 alpha 多样性采用 Shannon - Wiener 多样性指数和 Pielou 均匀度指数来进行评估。

1. Shannon - Wiener 多样性指数

Shannon - Wiener 多样性指数代表了群落中物种个体出现的不均衡与紊乱程度，从而指出整个群落的多样化水平，计算公式如下：

$$H = -\sum_{i=1}^{n}\left[\left(\frac{n_i}{N}\right)\ln\left(\frac{n_i}{N}\right)\right] \tag{5.1}$$

式中　H——群落的 Shannon - Wiener 多样性指数；

n_i——群落中第 i 个种的个体数目；

N——群落中所有种的个体总数；

n——群落中的种类数。

多样化水平等级划分[42-44]：无污染或轻度污染水质，$H>3$；中度污染水质，$1 \leqslant H \leqslant 3$；重度污染水质，$H<1$。

2. Pielou 均匀度指数

Pielou 均匀度指数描述的是群落中个体的相对丰富度或所占比例，它反映了物种个体数目在群落中分配的均匀程度，计算公式如下：

$$J_{SW} = \left(-\sum_{i=1}^{n} \left[\left(\frac{n_i}{N}\right) \ln\left(\frac{n_i}{N}\right) \right] \right) / \ln n \tag{5.2}$$

式中 J_{SW}——基于 Shannon-Wiener 指数计算的 Pielou 均匀度指数；

n_i——群落中第 i 个种的个体数目；

N——群落中所有种的个体总数；

n——群落中的种类数。

均匀程度等级划分[45-46]：无污染或轻度污染水质，$0.5<J_{SW} \leqslant 0.8$；中度污染水质，$0.3 \leqslant J_{SW} \leqslant 0.5$；重度污染水质，$J_{SW}<0.3$。

5.2 浮游植物种属组成

2021 年固城湖各采样点共观察到浮游植物 34 属 69 种，见表 5.1。其中绿藻门的种类最多，有 10 属 19 种；其次，硅藻门有 9 属 19 种，蓝藻门 7 属 17 种，裸藻门 5 属 8 种，隐藻门有 1 属 4 种，金藻门 1 属 1 种，黄藻门 1 属 1 种。

固城湖浮游植物优势种随时间出现明显变化，如图 5.1 所示。其中固城湖春季浮游植物优势种为细小平裂藻、颤藻属、颗粒直链藻、菱形藻属、尖针杆藻；夏季优势种为点形平裂藻、席藻属、梅尼小环藻、颗粒直链藻极狭变种、菱形藻属、针杆藻属；秋季的优势种为浮丝藻、颤藻属、假鱼腥藻属、尖头藻属；冬季浮游植物优势种为颤藻属、菱形藻属、针杆藻属。

表 5.1   2021 年固城湖浮游植物鉴定数据汇总表

种 类	gch-1	gch-2	gch-3	gch-4	gch-5	gch-6	gch-7	gch-8	gch-9	gch-10
颤藻属 1 种	+	++	+	+	+++		++	+++	+++	+++
浮丝藻	+	+++	+		+++	+	++	+++	+++	+++
微囊藻	+++			+++				+++	+++	
尖头藻属 1 种	+	+	+	++	+			+	++	+
拉式拟柱孢藻		+	+		+					

续表

种　类	gch-1	gch-2	gch-3	gch-4	gch-5	gch-6	gch-7	gch-8	gch-9	gch-10
假鱼腥藻属1种	+	+	++	+		+	+	+	+	+
鞘丝藻			+++		++	+++		++	+++	+++
弯形尖头藻		++	+	+		+	++		++	
微囊藻属1种		+	++		++	+			++	
伪鱼腥藻				+			+		+	+
席藻	+	+	++	+		+	+	++	+	+
细小平裂藻	+	+			++		+	+	+	+
点形平裂藻	+	+	+	+		+		+	+	+
伊莎毛丝藻		+			+		+			
鱼腥藻属1种		+					++			
泽丝藻属1种	+			+			+	+		
罗马藻	+++	+++	+++	+++	+++	+++	+++	+++	+++	+++
集星藻属1种		++				++		++		
单角盘星藻具孔变种	+	+	+	+	+					+
二角盘星藻	+	+								+
二形栅藻										
弓形藻属1种	+				++		+			
鼓藻		+							+	
尖新月藻变异变种	+			+			+		++	
角星鼓藻属1种		+					+			
三角四角藻	+	+	+	+	++	+	+	+	++	+
空球藻	+	+				+		+	+	++
卵囊藻属1种				+	+			+		
实球藻				+	+	+	+		+	
双对栅藻				+	+				+	+
四孢藻	+	+	+	+	+	+	+	+	+	+
四角十字藻	+				+			+		+
四尾栅藻	+				+	+			+	
衣藻属1种	++			+				+		+
月牙藻属1种	+	+		+	+	+		+		+

续表

种　类	gch-1	gch-2	gch-3	gch-4	gch-5	gch-6	gch-7	gch-8	gch-9	gch-10
针形纤维藻		+	+		+		+	+		+
曲壳藻属1种		+	++	++	+	+	+	+	++	+
梅尼小环藻	+			+	++	++	++		+	+
小环藻属1种（个体大）	+	+	+		+		+			++
小环藻属1种（个体小）					+					+
链状小环藻	+	+	+	+	+	+		+	+	+
脆杆藻属1种	+			+	+	+		+		+
颗粒直链藻	++	+++	++	++	+++	+		++	++	++
颗粒直链藻极狭变种	+	+		+	+	+	+		+	+
颗粒直链藻极狭变种螺旋变形		+		+		+				
直链藻属1种		+			+				+	++
变异直链藻	+	+	+	+	+		+			
舟形藻属1种		+				+		+		
菱形藻属1种（小）	++	++	+	++	+	++	+	++		+
针形菱形藻	+	+	+	+	+	+	+	+		
羽纹藻属1种				+						+
尖针杆藻	+	++	+	+	+	+	+	+	++	++
针杆藻属1种	+						++			
肘状针杆藻				+			+			
透明双肋藻	+			+		+	+	+	++	++
梭形裸藻	+	+	+	+	+	+	+	+		+
尖尾裸藻			+	+						+
裸藻属1种（大）	+	+			+		+		+	
裸藻属1种（小）							+			
扁裸藻属1种	+		+		+					+
长尾扁裸藻							+			
囊裸藻属1种（个体大）	+	+	+	+	+	+	+		+	+

62

5.2 浮游植物种属组成

续表

种　类	gch-1	gch-2	gch-3	gch-4	gch-5	gch-6	gch-7	gch-8	gch-9	gch-10
囊裸藻属1种（个体小）	+	+	+		+			+		+
蓝隐藻属		+	+	+	+	+		+		
具尾蓝隐藻	+	+		+				+		+
啮蚀隐藻				+				+		
卵形隐藻	+							+	+	+
锥囊藻属1种		+	+	+				+		
黄丝藻		++	+					+		+

注 ++++表示该藻类的平均密度为 10^6 cells/L 以上，+++表示该藻类的平均密度为 $10^4 \sim 10^6$ cells/L，++表示该藻类的平均密度为 $10^3 \sim 10^4$ cells/L，+表示该藻类的密度为 $10 \sim 10^3$ cells/L，空白表示密度在 10cells/L 以下或未见。

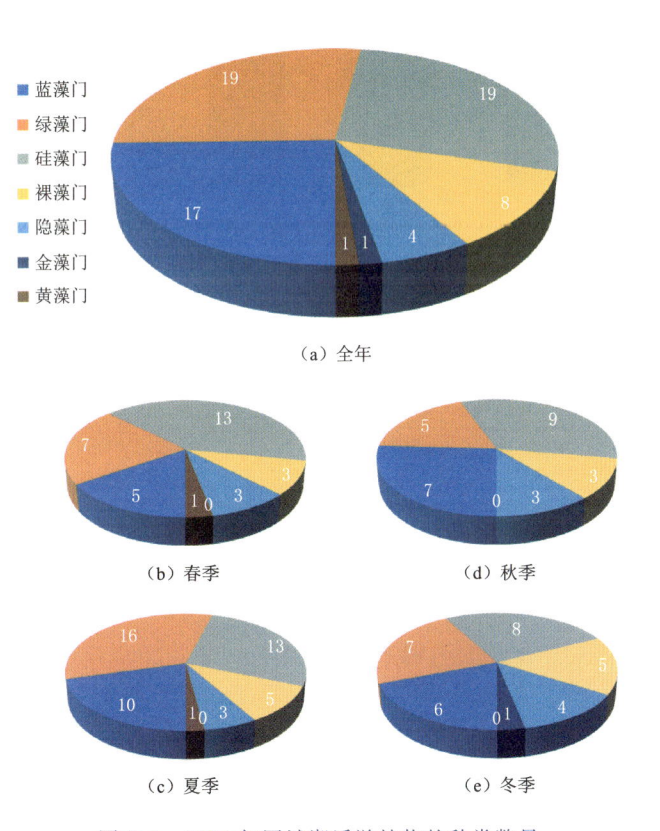

图 5.1　2021 年固城湖浮游植物的种类数量

5.3 浮游植物密度的时空分布研究

2021年固城湖浮游植物冬季平均密度为全年最低，为 $1.91×10^6$ cells/L，夏季、秋季浮游植物平均密度较高分别为 $16.26×10^6$ cells/L 和 $16.05×10^6$ cells/L，春季浮游植物平均密度为 $9.8×10^6$ cells/L，如图5.2和图5.3所示。

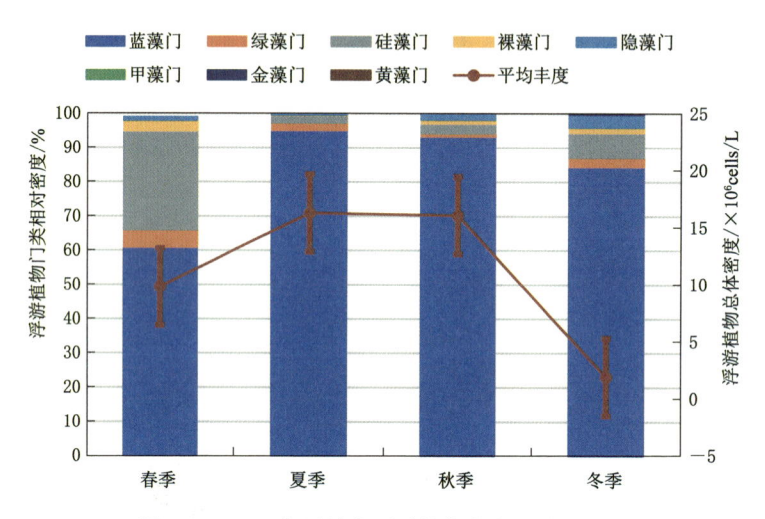

图 5.2　2021年固城湖浮游植物密度的季节变化

夏季主要优势种为蓝藻门的点形平裂藻、席藻属；秋季主要优势种为蓝藻门的浮丝藻、颤藻、假鱼腥藻属、尖头藻属；冬季的优势种为蓝藻门的颤藻属、硅藻门的菱形藻属、针杆藻属。

春季，位于固城湖北部的 gch-3、gch-4 采样点浮游植物密度相对较高，最高处达到 $41.83×10^6$ cells/L；最低值出现在 gch-9 采样点。

夏季的固城湖中部 gch-7 采样点的浮游植物密度相对较高，最高值达到 $36.77×10^6$ cells/L，最低值出现在 gch-8 采样点，浮游植物密度最低值为 $0.94×10^6$ cells/L。

秋季的浮游植物密度最高值出现在 gch-10 采样点，浮游植物密度达到 $117.5×10^6$ cells/L，而 gch-6 采样点，浮游植物密度最低，仅为 $0.67×10^6$ cells/L。

冬季，浮游植物最高值出现在 gch-1 采样点，其浮游植物密度最高值达到 $11.88×10^6$ cells/L，最低值出现在固城湖的 gch-8 采样点，浮游植物密度仅有 $0.06×10^6$ cells/L，如图5.4所示。

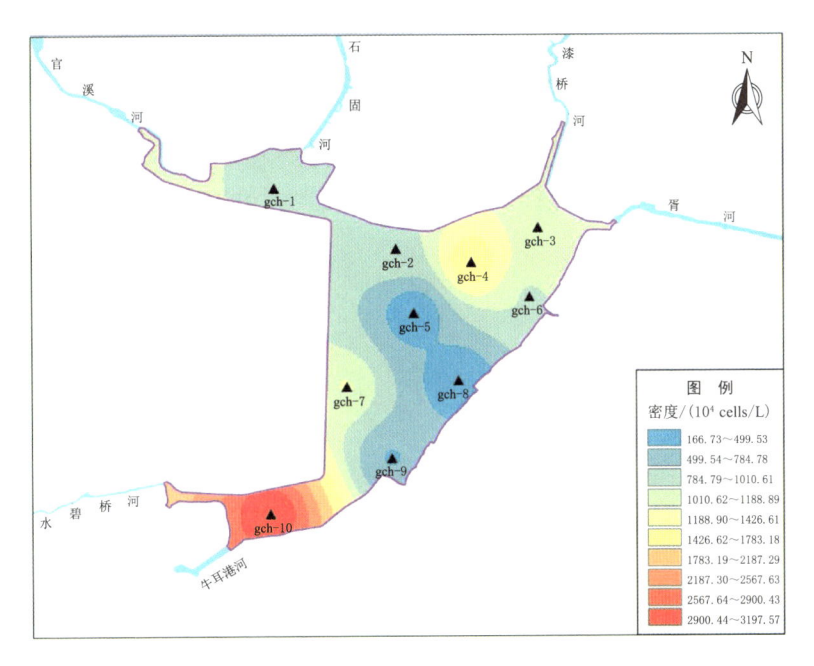

图 5.3　2021 年固城湖浮游植物总体密度的空间格局变化

（a）春季

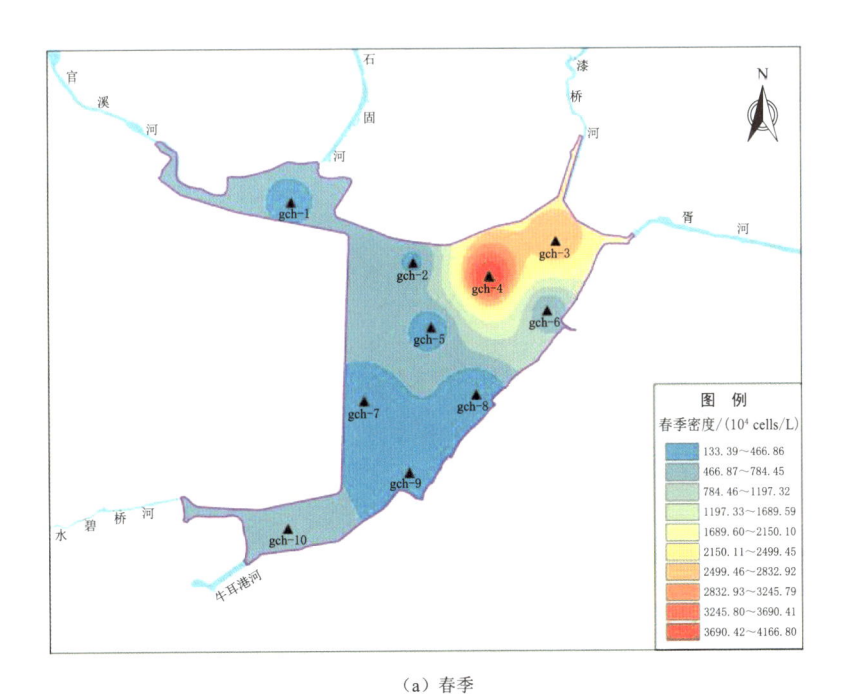

图 5.4（一）　2021 年不同季节固城湖浮游植物密度空间分布差异

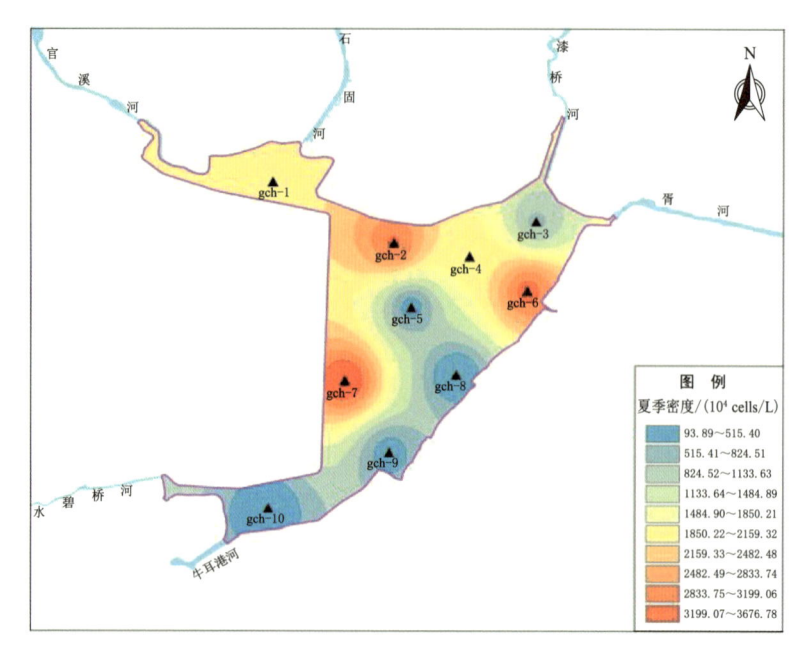

(b）夏季

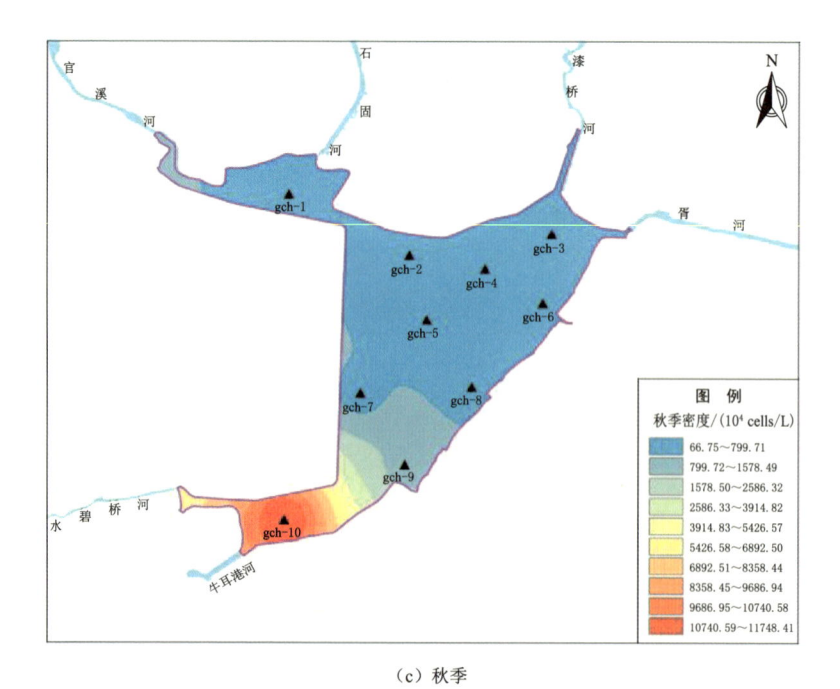

(c）秋季

图 5.4（二） 2021 年不同季节固城湖浮游植物密度空间分布差异

(d)冬季

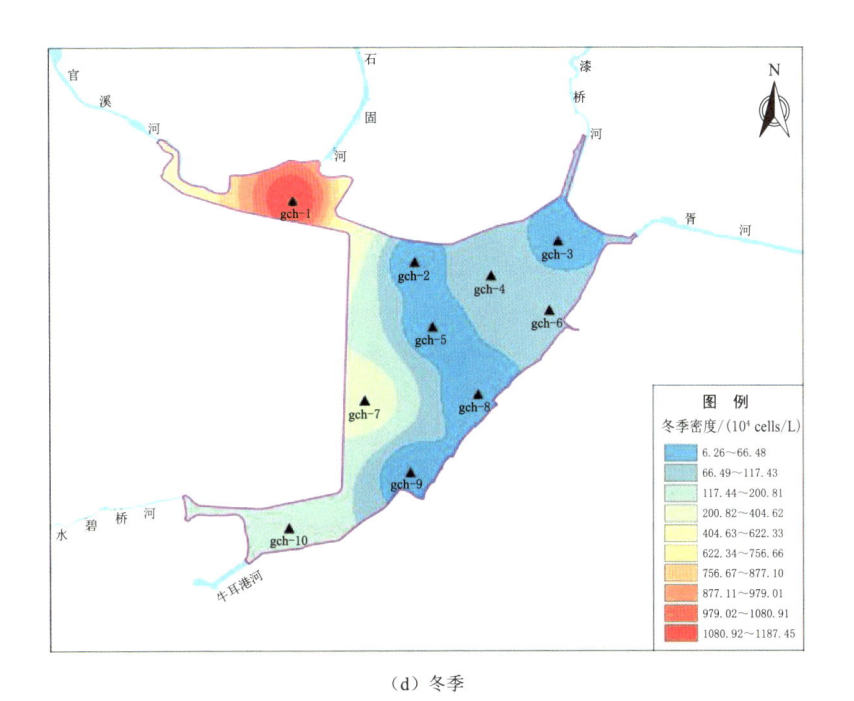

图 5.4（三） 2021 年不同季节固城湖浮游植物密度空间分布差异

5.4 浮游植物群落多样性研究

　　基于公式（5.1），固城湖浮游植物群落的 Shannon-Wiener 多样性指数全年平均值为 1.27；夏季多样性指数最高，为 1.59；秋季多样性指数最低，为 0.94，如图 5.5 和图 5.6 所示。

　　2021 年固城湖浮游植物群落的 Pielou 均匀度指数全年均值为 0.66，其中春季的均匀度最高，均值达到 0.76，夏季的最低，均值只有 0.57，如图 5.7 和图 5.8 所示。

　　上述两种 alpha 多样性指数的分析结果显示，2021 年固城湖夏季的浮游植物群落多样性要高于其他季节。夏季的藻类大量繁殖，物种密度很高，蓝藻门类群占比较高。

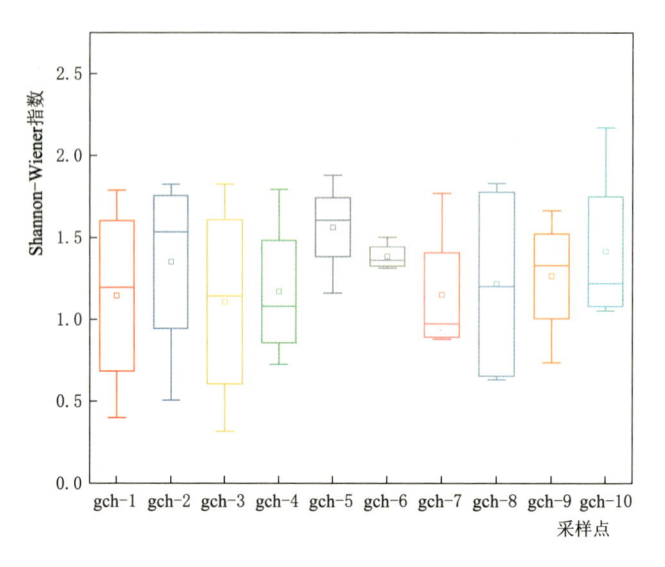

图 5.5　2021 年固城湖浮游植物群落 Shannon–Wiener
多样性指数空间差异

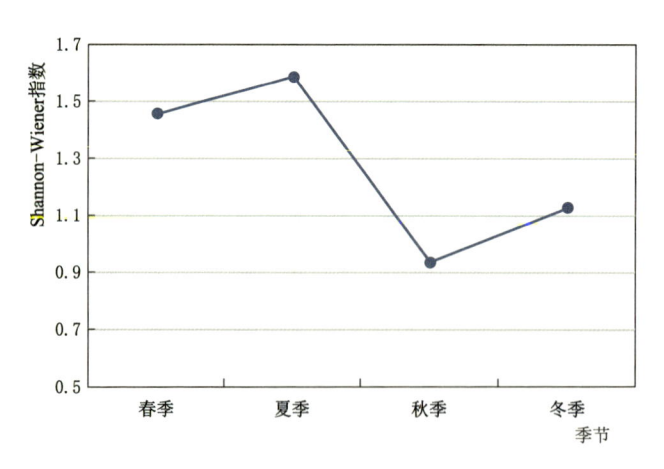

图 5.6　固城湖浮游植物群落 Shannon–Wiener
多样性指数季节变化

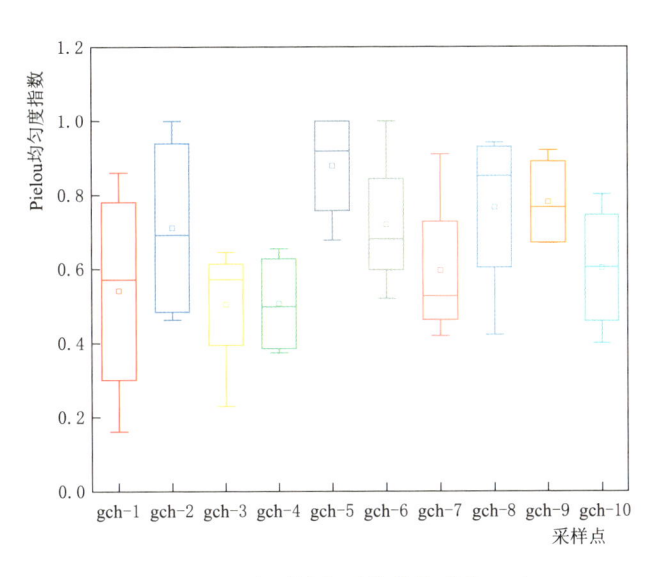

图 5.7　2021 年固城湖浮游植物群落 Pielou
均匀度指数空间差异

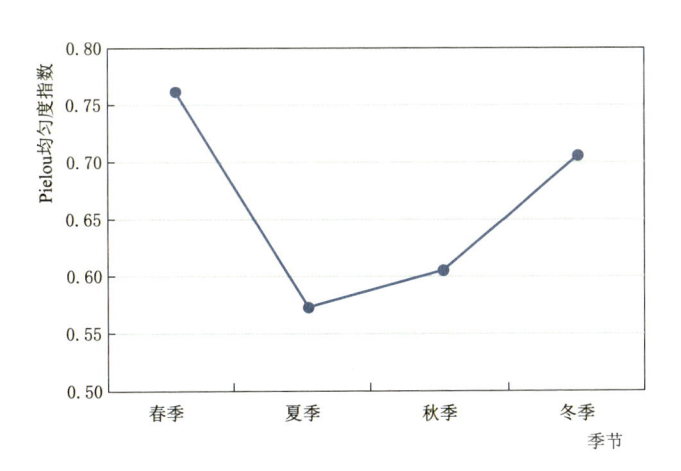

图 5.8　固城湖浮游植物群落 Pielou
均匀度指数季节变化

5.5　浮游植物历史变化研究

对比固城湖监测历年（2013年、2015年、2017年、2018年、2019年、2020年）的浮游植物与本年度的差异，分别从浮游植物群落的种类组成、优势种、细胞丰度及多样性指数等角度对其历史变化趋势研究。

5.5.1　种类组成及优势种的历史变化趋势研究

2013年调查显示：固城湖各监测点的样品中，共观察到浮游植物75属121种。其中绿藻门的种类最多，有29属57种；其次是蓝藻门17属22种，硅藻门13属18种，裸藻门6属12种，金藻门4属5种，隐藻门2属3种，甲藻门2属2种，黄藻门2属2种。优势种主要为尖针杆藻、颗粒直链藻极狭变种、席藻、链状假鱼腥藻和蓝隐藻。

2015年调查显示：固城湖各监测点的样品中，共观察到浮游植物72属134种。其中绿藻门的种类最多，有27属59种；其次是蓝藻门17属30种，硅藻门15属26种，裸藻门3属7种，金藻门3属5种，甲藻门3属3种，隐藻门2属2种，黄藻门2属2种。主要优势种有拉式拟柱胞藻、假鱼腥藻、湖泊浮鞘丝藻、细小平裂藻、依沙束丝藻和颗粒直链藻极狭变种。

2017年调查显示：固城湖各监测点的样品中，共观察到浮游植物73属103种。其中绿藻门的种类最多，有31属53种；其次是蓝藻门15属19种，硅藻门13属16种，金藻门5属5种，裸藻门4属5种，甲藻门3属3种，隐藻门2属2种。优势种主要为水华束丝藻、伪鱼腥藻和鱼腥藻。

2018年调查显示：固城湖各监测点的样品中，共观察到浮游植物72属102种。其中绿藻门的种类最多，有26属44种；其次是硅藻门16属22种，蓝藻门17属21种，裸藻门4属5种，金藻门4属5种，甲藻门3属3种，隐藻门2属2种。优势种主要为针杆藻、伪鱼腥藻、直链藻、水华束丝藻和鱼腥藻。

2019年调查显示：固城湖各监测点的样品中，共观察到浮游植物100属135种。其中绿藻门的种类最多，有33属55种；其次是硅藻门27属28种，蓝藻门17属27种，裸藻门7属7种，甲藻门5属5种，金藻门4属6种，隐藻门4属4种，黄藻门3属3种。优势种属主要为尖针杆藻、弯形尖头藻、颤藻属、席藻属和伪鱼腥藻。

2020年调查显示：固城湖各监测点的样品中，共观察到浮游植物75属132种。其中绿藻门的种类最多，有23属41种；其次是蓝藻门20属38种，硅藻门16属30种，裸藻门8属11种，隐藻门1属4种，黄藻门3属3种，金藻门2属

3种，甲藻门2属2种。优势种属主要为针杆藻属、菱形藻属和颤藻属。

2021年固城湖各采样点共观察到浮游植物69种。其中绿藻门的种类最多，有10属19种；其次是硅藻门9属19种，蓝藻门7属17种，裸藻门5属8种，隐藻门1属4种，金藻门1属1种，黄藻门1属1种。优势种属主要为颤藻属、菱形藻属、尖针杆藻等。

总结上述历年来的浮游植物的调查数据，得到固城湖近几年来浮游植物种类数量的变化情况，如图5.9所示。整体上，浮游植物种类呈先上升后下降的反复波动趋势，2020年度固城湖浮游植物种类数与2013年、2015年及2019年数据相比种类总数相差不大，且均大于其他年份的总种类数，2021年种类最少。

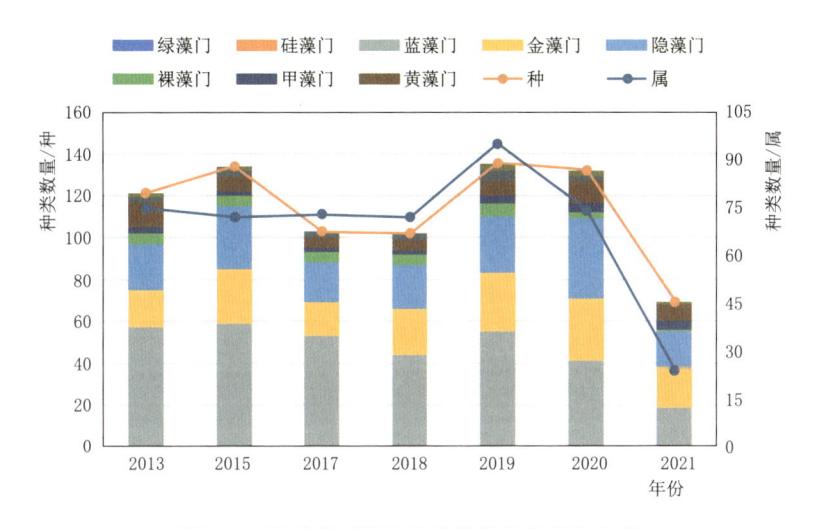

图5.9 固城湖浮游植物种类数量的历年变化

5.5.2 丰度历史变化趋势研究

总结历年来浮游植物的调查数据，得到固城湖近几年来浮游植物细胞丰度的变化情况，如图5.10所示。整体上，2013—2021年期间，浮游植物细胞丰度呈现出上升趋势，其中2019年度浮游植物细胞丰度达到最高，2020年细胞丰度较2019年略低，2013年、2018年、2021年丰度较低。夏季和秋季的浮游植物细胞丰度显著高于春季和冬季，分别在2017年和2020年达到最高值。

5.5.3 多样性指数的历史变化趋势研究

总结历年来浮游植物的调查数据，得到固城湖近几年来浮游植物群落alpha多样性指数（Shannon-Wiener多样性指数和Pielou均匀度指数）的变化情况，

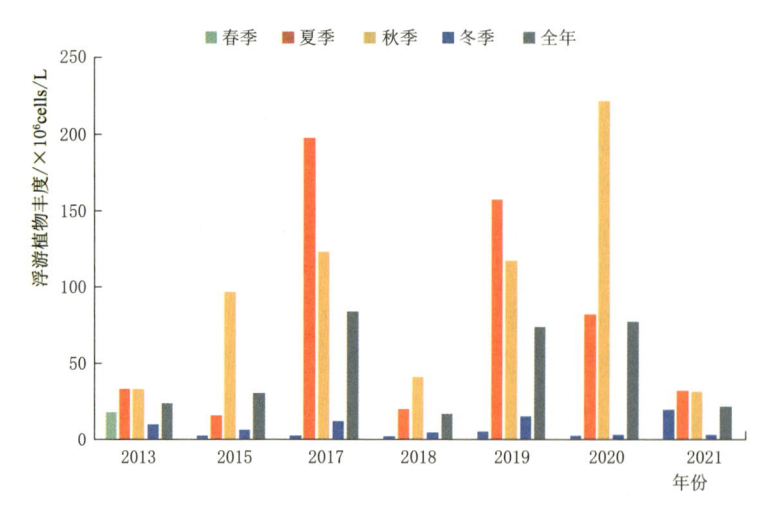

图 5.10　不同季节浮游植物细胞丰度年际变化

如图 5.11 所示。从图中可以看出，Shannon‐Wiener 多样性指数呈现出先升高后降低再升高的变化过程，2021 年浮游植物的 Shannon‐Wiener 多样性指数较 2015 年和 2020 年有微小下降，最高值出现在 2015 年，远高于其他年份。Pielou 均匀度指数整体呈现先降低后升高的趋势，2020 年均匀度指数最高，随后开始下降。固城湖总体水质有所改善，但仍为中-轻营养型水体。

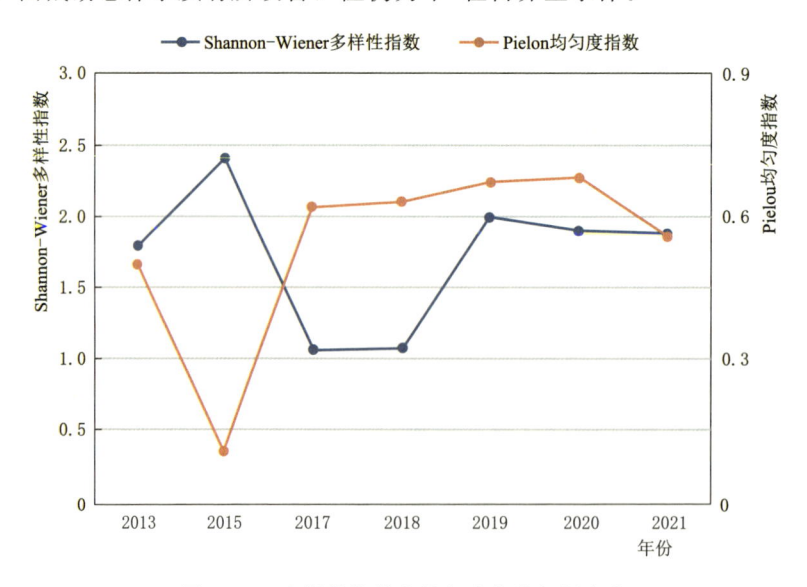

图 5.11　多样性指数和均匀度指数年际变化

第6章

浮游动物群落特征研究

6.1 样品采集与评价方法

6.1.1 样品采集与处理

浮游动物包括原生动物、轮虫、枝角类和桡足类四大类无脊椎水生动物，它们由于个体差异较大，所采用的采样方法不同。原生动物、轮虫由于个体较小，其采样方法及固定方法与浮游植物相同。浮游甲壳动物（枝角类和桡足类）由于个体较大，在水中的生物密度较低，需要过滤较多的水样才能有较好的代表性，野外采样须用浮游生物网（孔径 $64\mu m$）作过滤网，避免用捞定性样品网作为过滤网[47-48]。

枝角类、桡足类采用25号浮游生物网进行过滤，采水器采取水样样品体积为 $10\sim50L$，将过滤物放入提前准备好的标本瓶中。水深3m以内、水团混合良好的区域水体，可只采取表层水样，水深较大的水体区域，应采取表层、中层、底层混合水样。采取的水样立即放入50mL标本瓶后，立即用甲醛溶液固定。水体样品带回实验室后在显微镜下进行镜检，鉴定至种属水平。计数时，要根据样品中甲壳动物的数量分若干次过数。使用显微镜计数可获得浮游动物生物密度，同时，测量浮游动物长、宽、厚，利用求积公式计算生物体积，换算浮游动物生物量[49-50]。

6.1.2 群落多样性评价方法

浮游动物群落的 alpha 多样性采用 Shannon–Wiener 多样性指数和 Pielou 均匀度指数来进行评估，计算公式和等级划分具体见 5.1.2 章节内容。

6.2 浮游动物种属组成

根据固城湖浮游动物的定量水样分析，固城湖浮游动物种类较多，全年浮游动物水样镜检到的种类共有 52 种,见表 6.1。其中原生动物 16 种,轮虫 20 种,枝角类 9 种,桡足类 7 种,如图 6.1 所示。

固城湖中原生动物优势种有侠盗虫、长筒拟铃壳虫;轮虫优势种有螺形龟甲轮虫、长肢多肢轮虫、角突臂尾轮虫;枝角类优势种有简弧象鼻溞、微型裸腹溞、角突网纹溞;桡足类优势种有广布中剑水蚤、近邻剑水蚤、汤匙华哲水蚤。此外还有无节幼体。

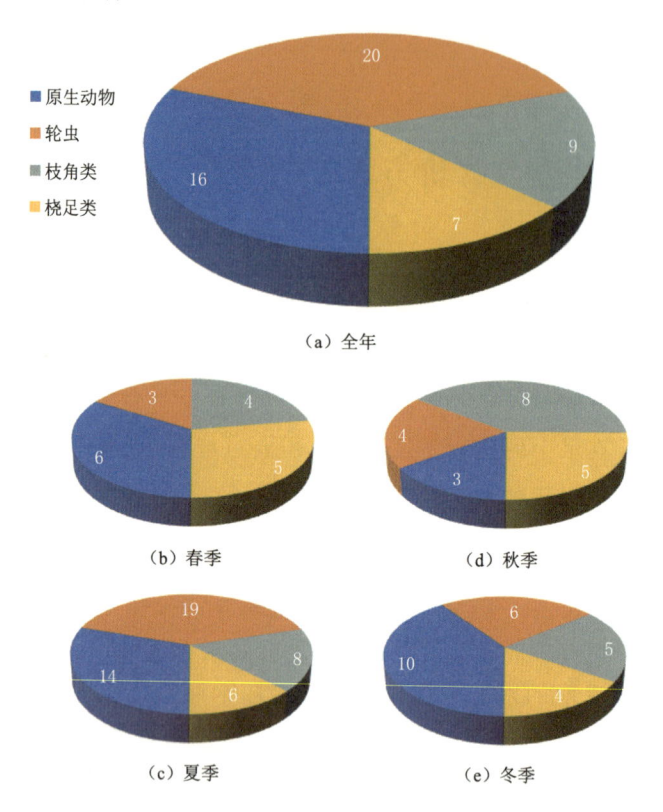

图 6.1 2021 年固城湖浮游动物的种类数量

表 6.1 2021 年固城湖浮游动物鉴定数据汇总表

类别	物种名	gch-1	gch-2	gch-3	gch-4	gch-5	gch-6	gch-7	gch-8	gch-9	gch-10
原生动物	急游虫	+		+	+		+	+		+	+
	钟形虫	+								+	+
	太阳虫				+	+	+		+	+	
	光球虫	+	+	+	+	+	+	+	+	+	+
	侠盗虫	+	+	+	+	+	+	+	+	+	+
	匣壳虫	+	+	+	+	+	+	+	+	+	+

续表

类别	物种名	gch-1	gch-2	gch-3	gch-4	gch-5	gch-6	gch-7	gch-8	gch-9	gch-10
原生动物	长筒拟铃壳虫			+	+	+	+	+			
	江苏拟铃壳虫		+			+		+		+	
	累枝虫			+	+						
	游仆虫					+	+	+	+		
	胡梨壳虫	+	+	+	+	+	+	+	+	+	+
	褐砂壳虫	+	+	+	+	+	+	+	+	+	+
	球形砂壳虫		+			+					
	瓶砂壳虫				+	+	+				
	巢居法帽虫				+	+		+		+	+
	薄片漫游虫		+		+	+	+	+	+	+	+
轮虫	裂痕龟纹轮虫	+	+	+	+	+	+	+	+	+	+
	螺形龟甲轮虫	+	+				+	+			
	矩形龟甲轮虫		+	+	+	+	+	+			+
	曲腿龟甲轮虫	+		+	+	+	+	+	+		+
	萼花臂尾轮虫				+	+					
	方形臂尾轮虫	+	+			+	+	+			
	角突臂尾轮虫					+	+				
	等刺异尾轮虫					+	+				
	暗小异尾轮虫	+				+		+		+	+
	跃进三肢轮虫	+				+	+	+	+		
	针簇多肢轮虫	+				+	+	+			
	长肢多肢轮虫	+	+		+						
	蹄形腔轮虫	+	+	+	+	+	+	+	+	+	+
	疣毛轮虫	+	+	+	+	+	+	+	+	+	+
	晶囊轮虫	+	+		+	+	+	+	+	+	+
	扁平泡轮虫					+	+				
	沟痕泡轮虫				+						
	大肚须足轮虫						+	+			
	多突囊足轮虫				+						
	奇异巨腕轮虫	+	+	+	+	+	+	+	+	+	+

续表

类别	物种名	gch-1	gch-2	gch-3	gch-4	gch-5	gch-6	gch-7	gch-8	gch-9	gch-10
枝角类	长肢秀体溞				+	+	+	+			
	短尾秀体溞			+	+	+					
	透明薄皮溞	+	+	+	+	+	+	+	+	+	+
	简弧象鼻溞		+		+	+	+	+			
	微型裸腹溞	+								+	+
	卵形盘肠溞			+	+		+				
	圆形盘肠溞			+	+						
	僧帽溞	+	+		+	+	+	+	+		+
	角突网纹溞			+				+			
桡足类	广布中剑水蚤	+	+		+	+	+	+	+	+	+
	近邻剑水蚤		+		+		+		+		+
	指状许水蚤			+		+		+		+	
	汤匙华哲水蚤	+			+		+	+		+	+
	中华窄腹水蚤			+	+		+				
	猛水蚤	+	+		+	+	+	+		+	+
	无节幼体	+	+		+	+	+	+		+	+

注　+ 表示该浮游动物被检测到。

6.3　浮游动物密度和生物量的时空动态分布研究

　　固城湖中的浮游动物是比较丰富的，调查显示周年浮游动物年平均密度为 1442.8 个/L，如图 6.2 所示。其中原生动物年平均密度为 740.6 个/L；轮虫年平均密度为 686.8 个/L；枝角类年平均密度为 7.0 个/L；桡足类年平均密度为 8.4 个/L。空间上，固城湖浮游动物密度较高的点在 gch-1 和 gch-10 采样点，gch-8 采样点的密度较低，如图 6.3 所示。

　　原生动物周年动态，呈现夏季最高、秋季最低格局，其中夏季原生动物密度峰值达到 1000 个/L，秋季则降低到 90 个/L。轮虫周年动态呈现和原生动物同样的趋势，夏季达到峰值 960 个/L，秋季降低到最低值 80 个/L。枝角类周年动态则呈现与原生动物和轮虫不同的格局，在秋季达到峰值 36.5 个/L，冬季降低到最低值 24 个/L。桡足类周年动态呈现秋季最高 48.5 个/L，夏季最低 25.5 个/L。

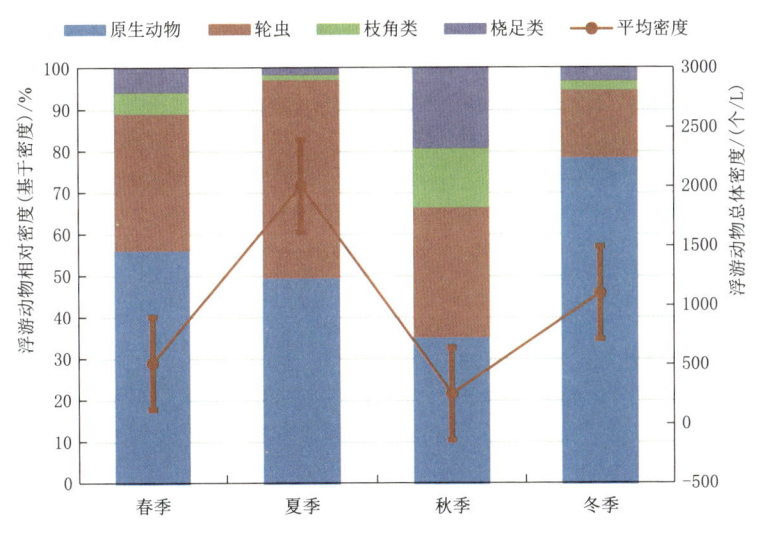

图 6.2 2021 年固城湖浮游动物密度分布的季节变化

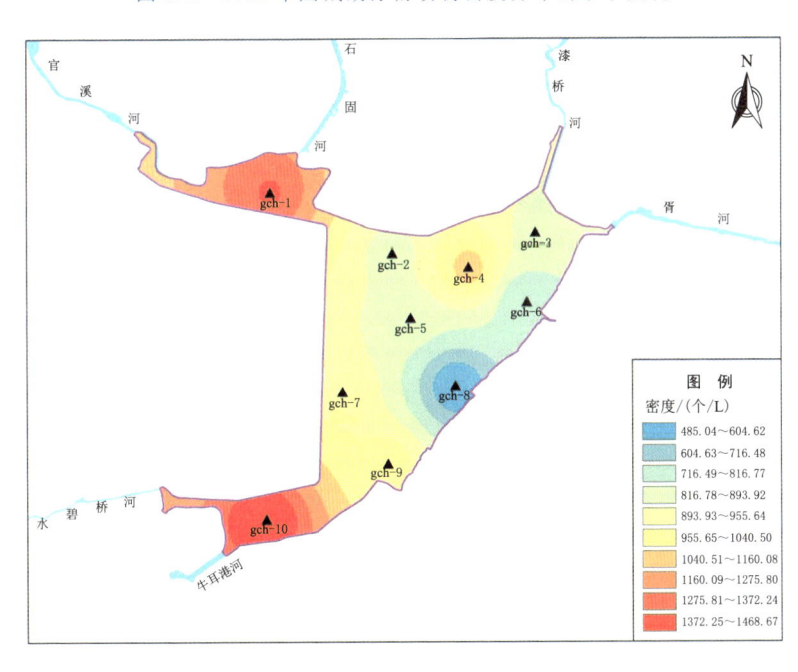

图 6.3 2021 年固城湖浮游动物总体密度的空间格局变化

2021 年固城湖水体中浮游动物各季节平均生物量分布范围为 1.66～2.00mg/L，均值为 1.78mg/L。其中春季的浮游动物生物量最低，均值为 1.66mg/L，夏季的生物量最高，均值为 2.00mg/L，如图 6.4 所示。空间上，gch-1 和 gch-10 采样点的浮游动物生物量较高，gch-6 采样点的浮游动物生物量较低，如图 6.5 所示，整体趋势与浮游动物密度相一致。

第6章　浮游动物群落特征研究

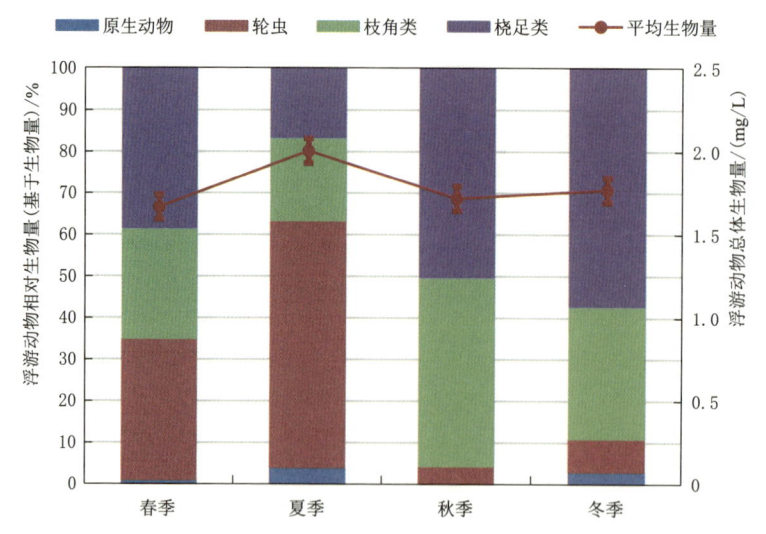

图 6.4　2021年固城湖浮游动物生物量分布的季节变化

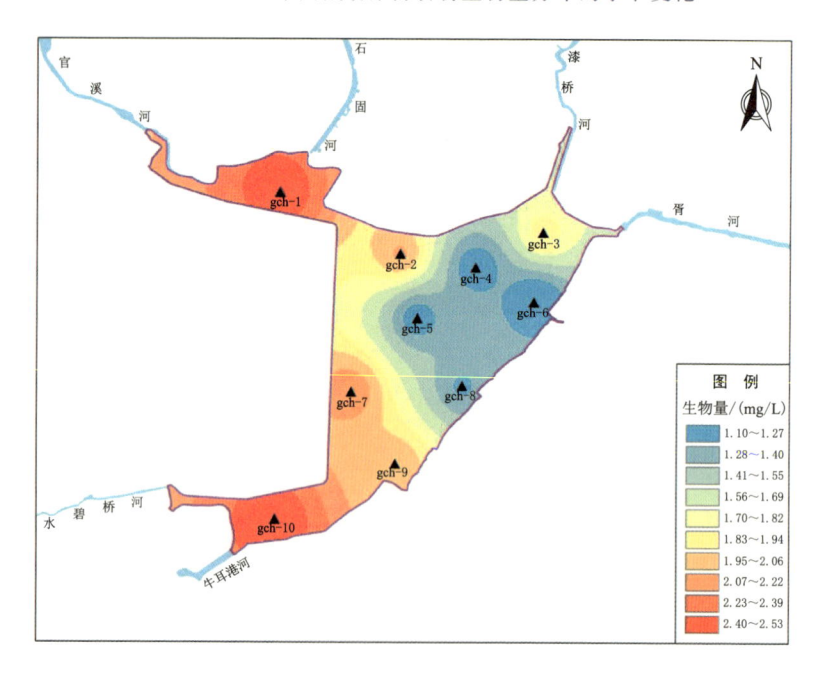

图 6.5　2021年固城湖浮游动物总体生物量的空间格局变化

　　轮虫、枝角类、桡足类的类群是固城湖浮游动物群落中占生物量优势的类群，这些类群所展现出的时空分布规律很大程度上决定了浮游动物群落总体生物量的变化特征。其中轮虫在夏季的平均生物量最高，为 1.19mg/L，秋季最低；而枝角类在秋季的平均生物量最高，为 0.78mg/L，夏季最低；桡足类的平均生物量在冬季最高，为 1.01mg/L，夏季最低。

6.4 浮游动物群落多样性研究

2021年固城湖浮游动物群落的 Shannon–Wiener 多样性指数分布范围为 1.30~3.11，均值为 2.15，其中夏季多样性最高，均值达到 2.69，冬季次之，均值为 2.31，春季和夏季的较低，如图 6.6 所示。

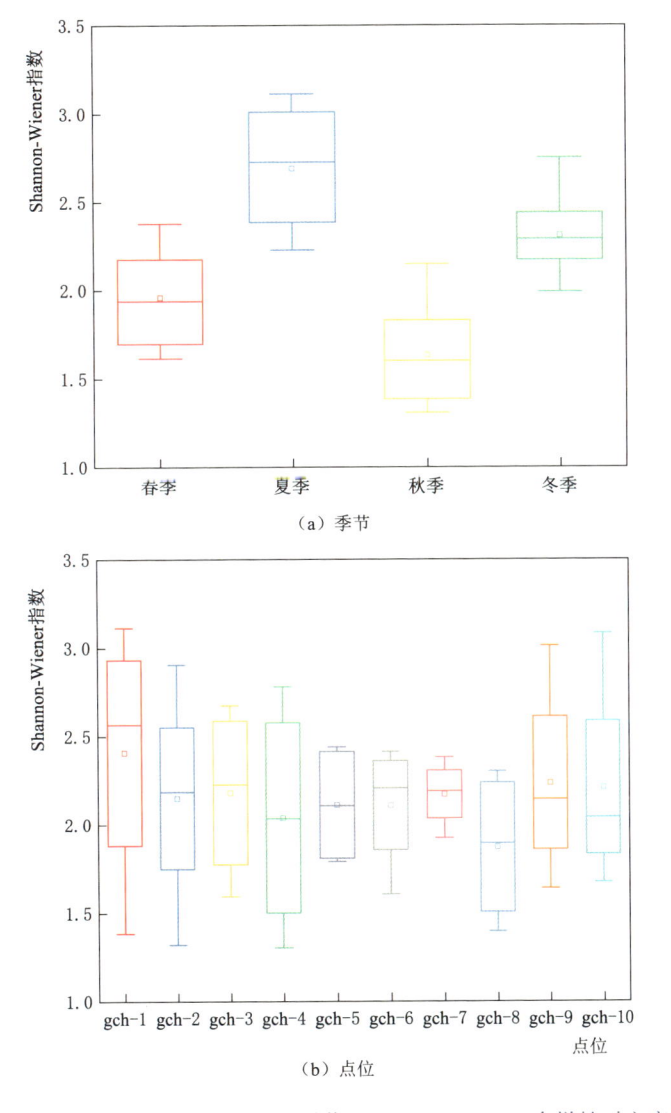

(a) 季节

(b) 点位

图 6.6 2021年固城湖浮游动物群落 Shannon–Wiener 多样性时空变化

第 6 章　浮游动物群落特征研究

2021 年固城湖浮游动物群落的 Pielou 均匀度指数分布范围为 0.67～1.00，均值为 0.91，其中夏季和冬季的均匀度较高，均达到 0.95，秋季的最低，均值只有 0.85。浮游动物群落的 Pielou 均匀度指数存在季节差异，但在不同湖区之间差异不显著，如图 6.7 所示。

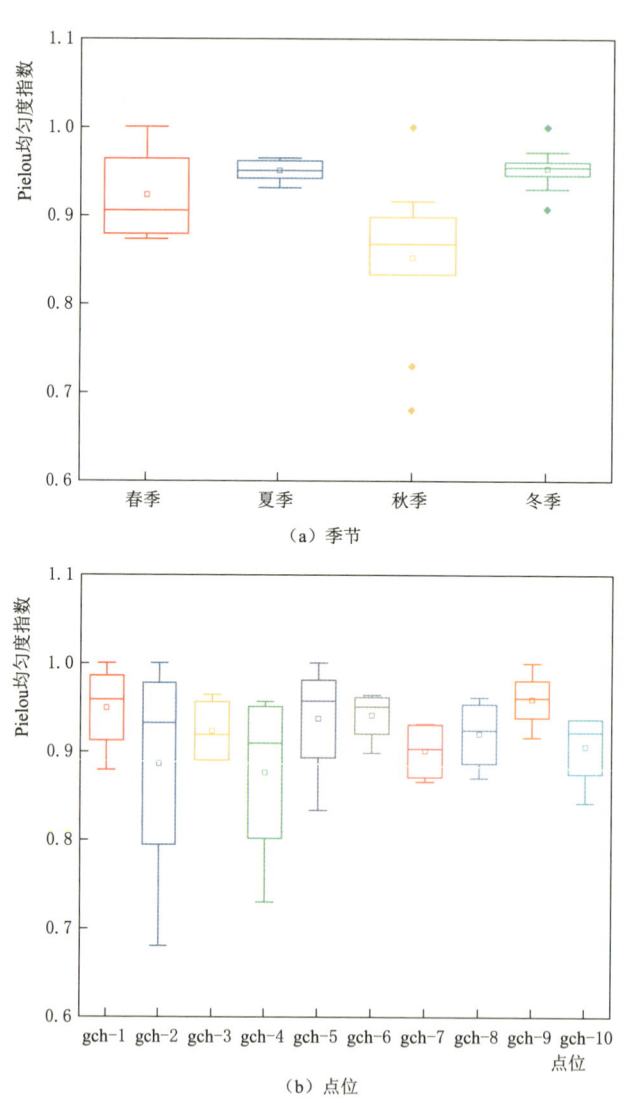

（a）季节

（b）点位

图 6.7　2021 年固城湖浮游动物群落 Pielou 均匀度指数时空变化

上述两种 alpha 多样性指数的分析结果显示，2021 年固城湖水体中浮游动物群落存在着季节分布格局，从多样性角度观察，春夏季节的浮游动物群落多样化程度更高。这样的结果与浮游植物相似，表明温度直接影响到水体中浮游动物的生存与繁殖，从而改变它们的群落多样性水平。

6.5 浮游动物历史变化研究

6.5.1 种类组成及优势种的历史变化趋势研究

2013 年固城湖浮游动物水样镜检见到浮游动物的种类共有 54 种。其中原生动物 12 种，占总种类的 22.2%；轮虫 26 种，占 48.2%；枝角类 8 种，占 14.8%；桡足类 8 种，占 14.8%。固城湖中的浮游动物优势种，原生动物有砂壳虫、薄片漫游虫、太阳虫、侠盗虫、钟形虫；轮虫有角突臂尾轮虫、矩形臂尾轮虫、萼花臂尾轮虫、裂足轮虫、晶囊轮虫、螺形龟甲轮虫、无柄轮虫、长肢多肢轮虫、独角聚花轮虫；枝角类有长肢秀体溞、微型裸腹溞、角突网纹溞、简弧象鼻溞、僧帽溞、长刺溞；桡足类有汤匙华哲水蚤、广布中剑水蚤、近邻剑水蚤。

2015 年浮游动物水样镜检见到浮游动物的种类共有 71 种。其中原生动物 20 种，占总种类的 28.2%；轮虫 32 种，占 45.1%；枝角类 9 种，占 12.7%；桡足类 10 种，占 14.0%。固城湖中的浮游动物优势种，原生动物有冠砂壳虫、球形砂壳虫、瓶砂壳虫、尖顶砂壳虫、侠盗虫、太阳虫、钟形虫、王氏拟铃壳虫；轮虫有螺形龟甲轮虫、曲腿龟甲轮虫、角突臂尾轮虫、裂足臂尾轮虫、萼花臂尾轮虫、长刺异尾轮虫、刺盖异尾轮虫、对棘同尾轮虫、针簇多肢轮虫、长肢多肢轮虫、独角聚花轮虫、晶囊轮虫；枝角类有简弧象鼻溞、微型裸腹溞、僧帽溞、小栉溞、角突网纹溞；桡足类有广布中剑水蚤、近邻剑水蚤、汤匙华哲水蚤、中华窄腹水蚤。

2017 年浮游动物水样镜检见到的种类共有 62 种（含桡足类的无节幼体和桡足幼体）。其中原生动物 19 种，占总种类的 30.6%；轮虫 24 种，占 38.7%；枝角类 9 种，占 14.5%；桡足类 10 种，占 16.2%。固城湖中的浮游动物优势种，原生动物有急游虫、侠盗虫、球形砂壳虫、瓶砂壳虫、长筒拟铃壳虫、王氏拟铃壳虫；轮虫有螺形龟甲轮虫、萼花臂尾轮虫、角突臂尾轮虫、长肢多肢轮虫、前额犀轮虫；枝角类有长肢秀体溞、简弧象鼻溞、角突网纹溞；桡足类有广布中剑水蚤、近邻剑水蚤、汤匙华哲水蚤。

2018 年浮游动物水样镜检见到的种类共有 58 种（含桡足类的无节幼体和桡足幼体）。其中原生动物 19 种，占总种类的 32.7%；轮虫 20 种，占 34.5%；枝角类 9 种，占 15.5%；桡足类 10 种，占 17.3%。固城湖中的浮游动物优势种，原生动物有侠盗虫、绿急游虫、江苏拟铃壳虫、球形砂壳虫、长筒拟铃壳虫；轮虫有螺形龟甲轮虫、针簇多肢轮虫、角突臂尾轮虫、独角聚花轮虫、前额犀轮虫；枝角类有长肢秀体溞、简弧象鼻溞、僧帽溞；桡足类有广布中剑水蚤、近邻剑水蚤、汤匙华哲水蚤。

2019年浮游动物水样镜检见到的种类共有61种（含桡足类的无节幼体和桡足幼体）。其中原生动物20种，占总种类的32.8%；轮虫23种，占37.7%；枝角类8种，占13.1%；桡足类10种，占16.4%。固城湖见到的浮游动物大都属季生性种类，固城湖中的浮游动物优势种，原生动物有侠盗虫、江苏拟铃壳虫、长筒拟铃壳虫、球形砂壳虫；轮虫有螺形龟甲轮虫、曲腿龟甲轮虫、长肢多肢轮虫、针簇多肢轮虫；枝角类有简弧象鼻溞、微型裸腹溞、僧帽溞；桡足类有广布中剑水蚤、近邻剑水蚤、汤匙华哲水蚤。

2020年浮游动物水样镜检见到的种类共有58种（含桡足类的无节幼体和桡足幼体）。其中原生动物19种，占总种类的32.7%；轮虫23种，占39.6%；枝角类7种，占12.1%；桡足类9种，占15.6%。固城湖中的浮游动物优势种，原生动物有侠盗虫、长筒拟铃壳虫、江苏拟铃壳虫；轮虫有螺形龟甲轮虫、长肢多肢轮虫、角突臂尾轮虫；枝角类有简弧象鼻溞、微型裸腹溞、角突网纹溞；桡足类有广布中剑水蚤、近邻剑水蚤、汤匙华哲水蚤。

2021年固城湖浮游动物水样镜检到的种类共有52种。其中原生动物16种，轮虫20种，枝角类9种，桡足类7种。固城湖中原生动物优势种有侠盗虫、长筒拟铃壳虫；轮虫优势种有螺形龟甲轮虫、长肢多肢轮虫、角突臂尾轮虫；枝角类优势种有简弧象鼻溞、微型裸腹溞、角突网纹溞；桡足类优势种有广布中剑水蚤、近邻剑水蚤、汤匙华哲水蚤。此外还有无节幼体。

总结上述历年来的浮游动物的调查数据，得到固城湖近几年来浮游动物种类数量的变化情况，如图6.8所示。整体上，浮游动物种类呈先上升后下降趋势，2013—2015年浮游动物种类数量呈上升趋势，随后整体呈下降趋势，2021

图6.8 固城湖浮游动物种类数量的历年变化

年种类数量最少。其中原生动物的种类数量整体呈上升趋势，轮虫种类整体呈先上升后下降趋势，枝角类与桡足类年间变化不明显。

6.5.2 密度历史变化趋势研究

2013年浮游动物的年平均密度为1908.0个/L。其中原生动物为659.3个/L，占浮游动物年平均密度的34.6%；轮虫为1217.1个/L，占63.8%；枝角类为9.9个/L，占0.5%；桡足类为21.7个/L，占1.1%。

2015年浮游动物的年平均密度为1869.6个/L。其中原生动物为712.1个/L，占浮游动物年平均密度的38.1%；轮虫为1085.0个/L，占58.0%；枝角类为13.7个/L，占0.7%；桡足类为58.8个/L，占3.2%。

2017年浮游动物的年平均密度为1925.3个/L。其中原生动物为921.7个/L，占浮游动物年平均密度的47.9%；轮虫为955个/L，占49.6%；枝角类为12.8个/L，占0.7%；桡足类为35.8个/L，占1.8%。

2018年浮游动物的年平均密度为2056.8个/L。其中原生动物为1001.7个/L，占浮游动物年平均密度的48.7%；轮虫为1010.8个/L，占49.1%；枝角类为12.8个/L，占0.6%；桡足类为31.5个/L，占1.6%。

2019年浮游动物的年平均密度为2260.6个/L。其中原生动物为1097.5个/L，占浮游动物年平均密度的48.5%；轮虫为1109.2个/L，占49.1%；枝角类为16.1个/L，占0.7%；桡足类为37.8个/L，占1.7%。

2020年浮游动物的年平均密度为1992.6个/L。其中原生动物为964.2个/L，占浮游动物年平均密度的48.4%；轮虫为985.0个/L，占49.4%；枝角类为14.5个/L，占0.7%；桡足类为28.9个/L，占1.5%。

2021年浮游动物年平均密度为1242.8个/L。其中原生动物年平均密度为740.6个/L；轮虫年平均密度为686.8个/L；枝角类年平均密度为7.0个/L；桡足类年平均密度为8.4个/L。

总结上述历年来的浮游动物的调查数据，得到固城湖近几年来浮游动物密度的变化情况，如图6.9所示。浮游动物密度在2013—2019年逐渐上升，在2019年达到最高，随后立即降低，2021年最低。固城湖浮游动物的总体密度是由轮虫数量多寡决定的，其次是原生动物，而枝角类和桡足类的数量较少[16]。浮游动物密度整体波动趋势也体现在轮虫密度的变化上，其中轮虫密度在2019年达到最高。原生动物的年间分布特征与轮虫相似。

6.5.3 生物量历史变化趋势研究

2013年固城湖浮游动物的年平均生物量为3.0182mg/L。其中原生动物的生物量为0.0330mg/L，占浮游动物年平均生物量的1.09%；轮虫的生物量为

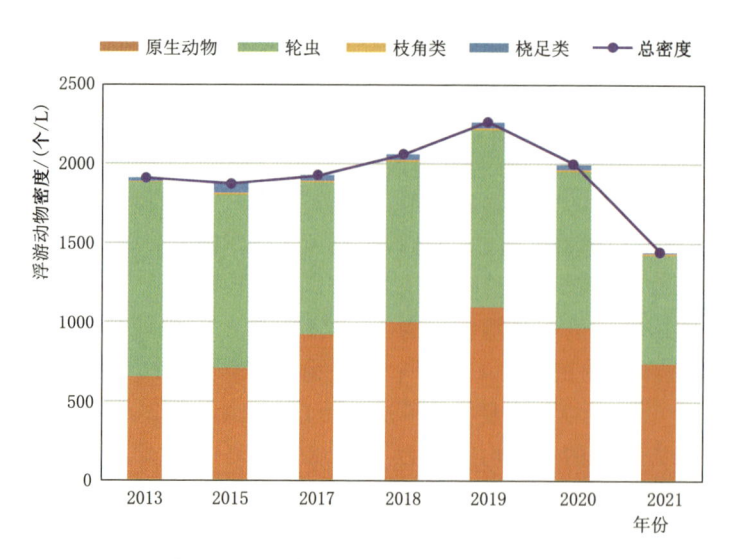

图 6.9　固城湖浮游动物密度的历年变化

2.1497mg/L，占 71.23%；枝角类的生物量为 0.4900mg/L，占 16.23%；桡足类的生物量为 0.3455mg/L，占 11.45%。

2015 年固城湖浮游动物的年平均生物量为 3.4601mg/L。其中原生动物的生物量为 0.0357mg/L，占浮游动物年平均生物量的 1.0%；轮虫的生物量为 1.9163mg/L，占 55.4%；枝角类的生物量为 0.3296mg/L，占 9.5%；桡足类的生物量为 1.1785mg/L，占 34.1%。

2017 年固城湖浮游动物的年平均生物量为 3.2892mg/L。其中原生动物的生物量为 0.0341mg/L，占浮游动物年平均生物量的 1.0%；轮虫的生物量为 1.9123mg/L，占 58.1%；枝角类的生物量为 0.3242mg/L，占 9.9%；桡足类的生物量为 1.0178mg/L，占 31.0%。

2018 年固城湖浮游动物的年平均生物量为 3.1267mg/L。其中原生动物的生物量为 0.0386mg/L，占浮游动物年平均生物量的 1.2%；轮虫的生物量为 1.7743mg/L，占 56.7%；枝角类的生物量为 0.3292mg/L，占 10.5%；桡足类的生物量为 0.9846mg/L，占 31.6%。

2019 年固城湖浮游动物的年平均生物量为 3.0685mg/L。其中原生动物的生物量为 0.0452mg/L，占浮游动物年平均生物量的 1.5%；轮虫的生物量为 1.5039mg/L，占 49.0%；枝角类的生物量为 0.4317mg/L，占 14.1%；桡足类的生物量为 1.0878mg/L，占 35.4%。

2020 年固城湖浮游动物的年平均生物量为 2.6337mg/L。其中原生动物的生物量为 0.0411mg/L，占浮游动物年平均生物量的 1.6%；轮虫的生物量为 1.2739mg/L，占 48.4%；枝角类的生物量为 0.3733mg/L，占 14.2%；桡足类的生物量为 0.9453mg/L，占 35.8%。

2021 年固城湖浮游动物的年平均生物量为 1.7800mg/L。其中原生动物的生物量为 0.0252mg/L，占浮游动物年平均生物量的 1.4%；轮虫的生物量为 0.9982mg/L，占 56.0%；枝角类的生物量为 0.2145mg/L，占 12.1%；桡足类的生物量为 0.5421mg/L，占 30.5%。

总结上述历年来的浮游动物的调查数据，得到固城湖近几年来浮游动物生物量的变化情况，如图 6.10 所示。浮游动物生物量的变化趋势与密度不同，其中 2015 年浮游动物生物量达到最高值，2021 年的生物量最低。固城湖浮游动物的生物量几乎是由轮虫和甲壳动物决定，轮虫是固城湖水体中生物量贡献最大的浮游动物类群[51]，甲壳动物虽然数量较少，但对生物量的贡献占比较大[52]。

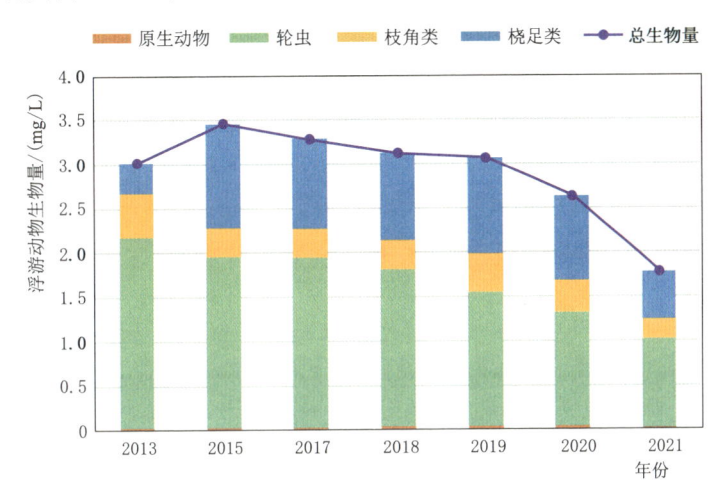

图 6.10　固城湖浮游动物生物量的历年变化

第 7 章

底栖动物群落特征研究

7.1　样品采集与评价方法

7.1.1　样品采集与处理

采集底栖动物使用工具为改良彼得生采泥器（面积 $1/20m^2$），每样点采集三次，若样品含有碎屑、底泥等，须采用网径 0.45mm 尼龙筛网进行反复洗涤，然后现场进行分拣样品，并采用 7‰福尔马林溶液进行固定，带回实验室进行镜检[53-54]。

参考《中国小蚓类研究》《中国经济动物志·淡水软体动物》*Aquatic insects of China useful for monitoring water quality* 等书籍，将软体动物、水栖寡毛类的优势种鉴定至种，摇蚊幼虫鉴定至属，水生昆虫等鉴定至科。对于暂时难以确定种类的样品应固定标本，方便进一步鉴定、分析。各采样点采集到的不同种类底栖动物要准确地统计数量，依据采样器开口面积推算 $1m^2$ 存在的数量（各种类数量和总数量）；将样品进行称重，获取生物量并换算单位面积生物量[55-57]。

7.1.2　群落多样性评价方法

底栖动物群落的 alpha 多样性采用 Shannon – Wiener 多样性指数和 Pielou 均匀度指数来进行评估，计算公式和等级划分具体见 5.1.2 章节内容。

7.2　底栖动物种属组成

2021 年固城湖共鉴定出底栖动物 13 种（属）。其中摇蚊幼虫的种类最多，为 6 种；其次是寡毛类，为 3 种；再次是软体动物，为 2 种；其他包括秀丽白虾、扁舌蛭共 2 种见表 7.1。

7.2 底栖动物种属组成

表 7.1　　　　　　　　2021 年固城湖底栖动物名录

分类名称（种或属）	拉丁学名	分类名称（种或属）	拉丁学名
寡毛类	***Oligochaeta***	软铗小摇蚊	*Microchironomus tener*
苏氏尾鳃蚓	*Branchiura sowerbyi*	花翅前突摇蚊	*Procladius choreus*
颤蚓属	*Tubifex sp*	**软体动物**	***Mollusca***
霍普水丝蚓	*Limnodrilus hoffmeisteri*	梨形环棱螺	*Bellamya purrificata*
摇蚊幼虫	***Chironomidae***	铜锈环棱螺	*Bellamya aeruginosa*
羽状摇蚊	*Chironomus plumosus*	**其他**	***Others***
红羽摇蚊群	*Chironomus plumosus-reductus*	秀丽白虾	*Exopalaemon modestus*
红裸须摇蚊	*Propsilocerus akamusi*	扁舌蛭	*Glossiphonia complanata*
中国长足摇蚊	*Tanypus chinensis*		

从不同季节上看，各季节的摇蚊幼虫占绝对优势，但整体上四个季节之间的种类数量差异不大，如图 7.1 所示。

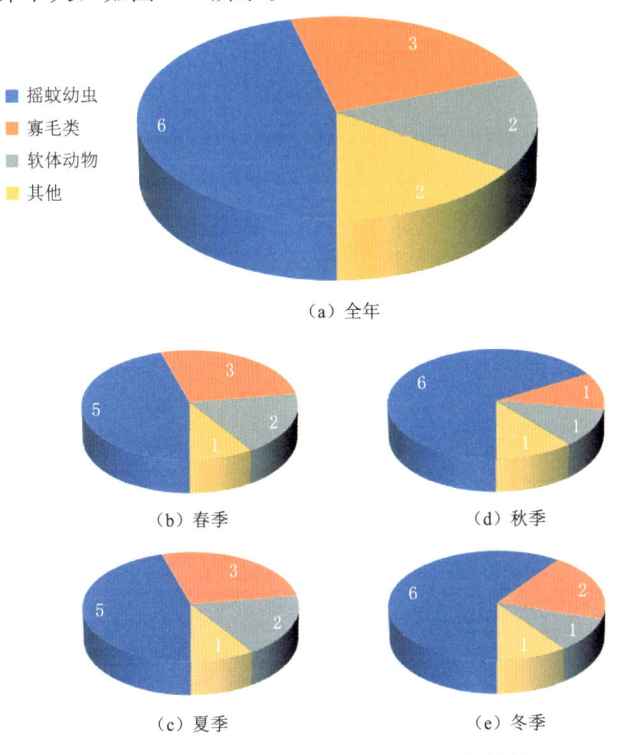

图 7.1　2021 年固城湖底栖动物的种类数量

从这些底栖动物的出现频率来看，固城湖底栖动物密度和生物量被少数种类所主导。密度方面，摇蚊科幼虫的红裸须摇蚊和中国长足摇蚊优势度较高，分别占总密度的 15.94% 和 10.63%。生物量方面，由于软体动物个体较大，软体动物的梨形环棱螺在总生物量上占据绝对优势，达到 82.42%。从 13 个物种的出现频率来看，苏氏尾鳃蚓、霍普水丝蚓、红羽摇蚊群、红裸须摇蚊、中国长足摇蚊、梨形环棱螺和秀丽白虾等共 7 个种类是固城湖最常见的种类，在大部分采样点均能采集到。综合底栖动物的密度、生物量以及各物种在 10 个采样点的出现频率，利用优势度指数确定优势种类，结果表明固城湖现阶段的底栖动物优势种主要为羽状摇蚊、红裸须摇蚊、梨形环棱螺，见表 7.2。

表 7.2　　　　　　2021 年固城湖底栖动物密度和生物量

	种　类	平均密度 /(个/m²)	相对密度 /%	平均生物量 /(g/m²)	相对生物量 /%	出现频率	优势度指数
寡毛类	苏氏尾鳃蚓	10.3	0.98	0.78	0.80	4	7.12
	颤蚓属	5.95	0.57	0.02	0.02	2	1.18
	霍普水丝蚓	9.5	0.90	0.03	0.03	3	2.76
摇蚊幼虫	羽状摇蚊	286.3	27.20	9.84	10.15	10	373.50
	红羽摇蚊群	32.1	3.05	0.1	0.10	6	18.90
	红裸须摇蚊	327.1	31.08	2.57	2.65	9	303.57
	中国长足摇蚊	324.3	30.81	1.26	1.30	6	192.66
	软铗小摇蚊	5.9	0.56	0.07	0.07	4	2.52
	花翅前突摇蚊	1.1	0.10	0.01	0.01	2	0.22
软体动物	梨形环棱螺	29.1	2.76	80.26	82.77	5	427.65
	铜锈环棱螺	4.1	0.39	1.02	1.05	2	2.88
其他	秀丽白虾	15.5	1.47	0.06	0.06	1	1.53
	扁舌蛭	1.2	0.11	0.95	0.98	1	1.09

注　相对密度和相对生物量分别为某一物种占总密度和总生物量的百分比[58-59]，出现频率为某物种在所有采样点中的出现次数，优势度指数＝（相对密度＋相对生物量）×出现频率。

7.3　底栖动物密度和生物量的时空分布研究

2021 年固城湖水体中底栖动物平均密度为 1152.5 个/m²。其中，摇蚊科幼虫为 1076.8 个/m²，占总体密度的 93.4%；寡毛类为 25.8 个/m²，占总体密度的 2.2%；软体动物为 33.2 个/m²，占总体密度的 2.8%；其他底栖动物为 16.7

个/m², 占总体密度的 1.6%。

在各个季度中各采样点密度空间分布不均、差异较大，夏季底栖动物平均密度最高，秋季底栖动物平均密度最低。春季最高值出现在 gch-7 采样点，最低值出现在 gch-10 采样点；夏季最高值出现在 gch-9 采样点，最低值出现在 gch-4 样点；秋季最高值出现在 gch-6 采样点，最低值出现在 gch-5 样点；冬季最高值出现在 gch-8 采样点，最低值出现在 gch-1 样点，如图 7.2 和图 7.3 所示。

2021 年固城湖沉积物中底栖动物各季节平均生物量为 96.97g/m²。其中，摇蚊科幼虫为 13.85g/m²，占总体生物量的 14.3%；寡毛类为 0.83g/m²，占总体生物量的 0.8%；软体动物为 81.3g/m²，占总体生物量的 83.8%；其他底栖动物为 1.01g/m²，占总体生物量的 1.1%，如图 7.4 所示。

在各个季度中各采样点生物量空间分布不均、差异较大，夏季底栖动物生物量最高，秋季底栖动物平均生物量最低。春季最高值出现在 gch-3 采样点，最低值出现在 gch-10 采样点；夏季最高值出现在 gch-2 采样点，最低值出现在 gch-9 样点；秋季最高值出现在 gch-6 采样点，最低值出现在 gch-10 样点；冬季最高值出现在 gch-6 采样点，最低值出现在 gch-5 样点，如图 7.5 所示。

图 7.2 2021 年固城湖底栖动物密度的空间格局变化

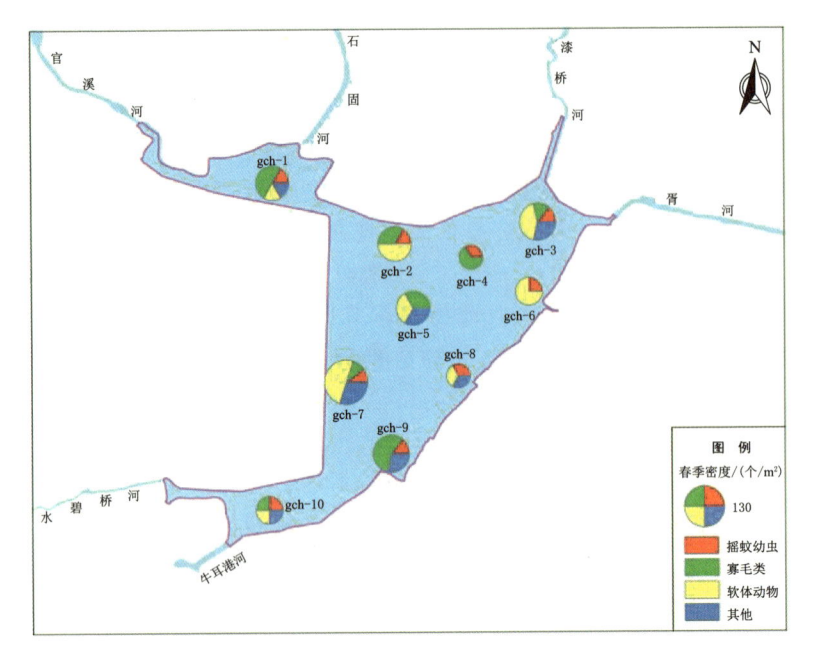

(a) 春季

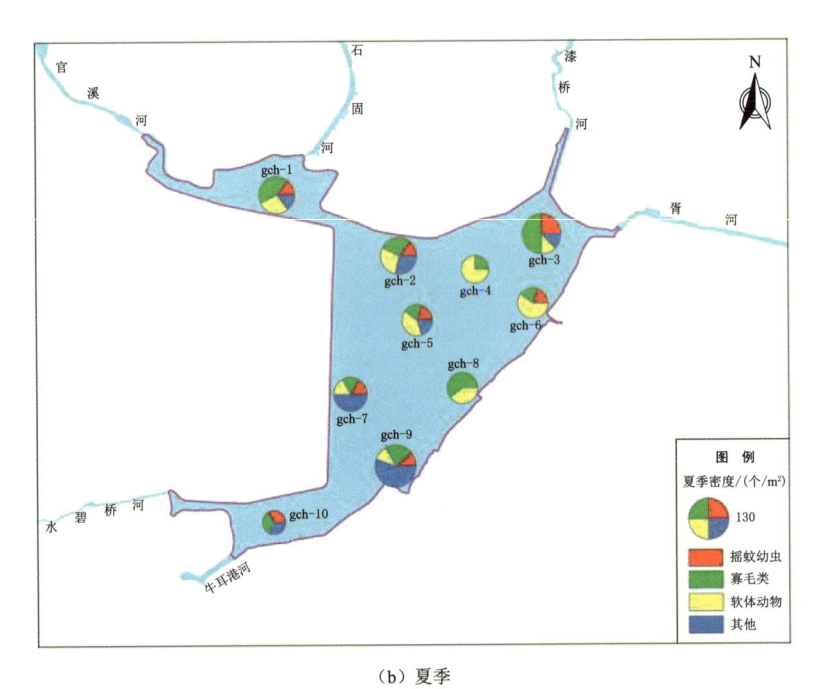

(b) 夏季

图 7.3（一） 2021 年不同季节固城湖底栖动物密度空间分布差异

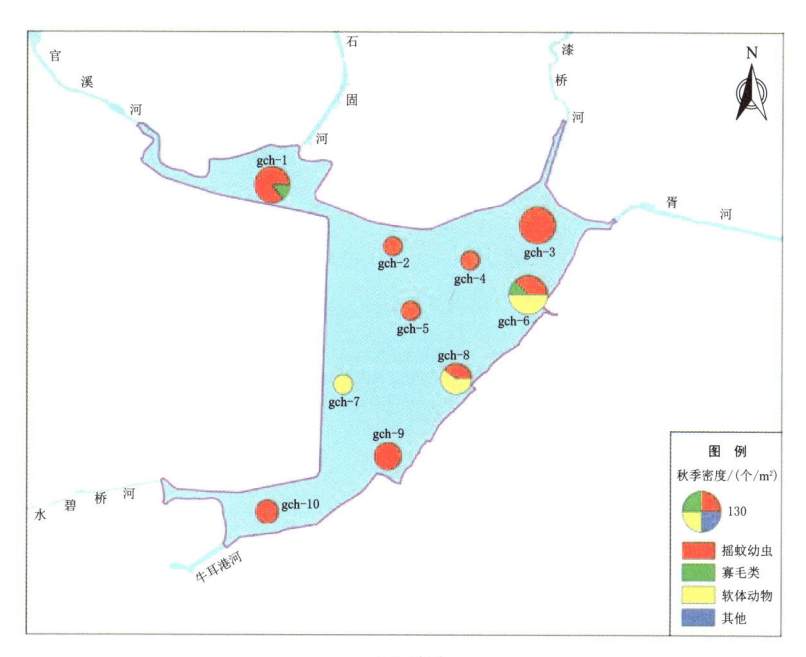

（c）秋季

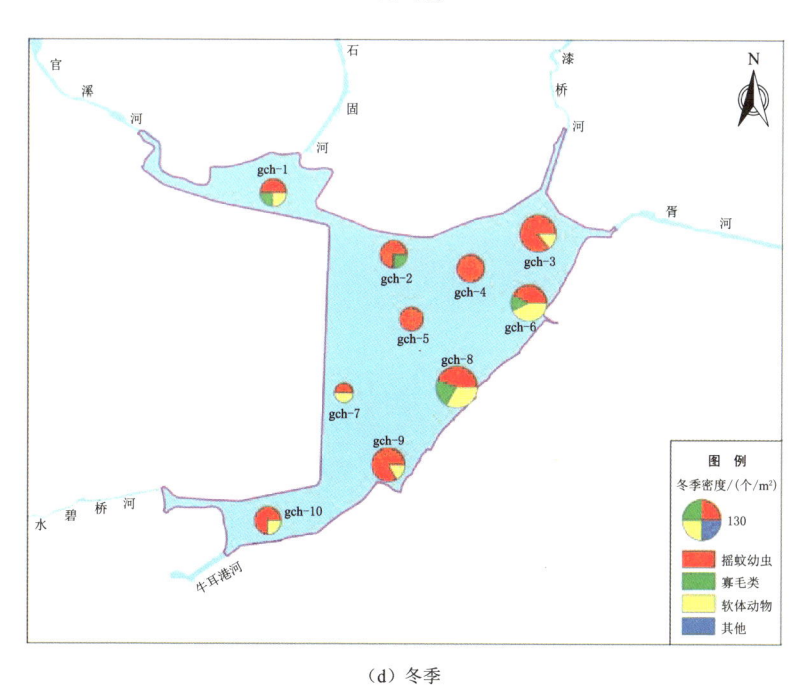

（d）冬季

图 7.3（二） 2021 年不同季节固城湖底栖动物密度空间分布差异

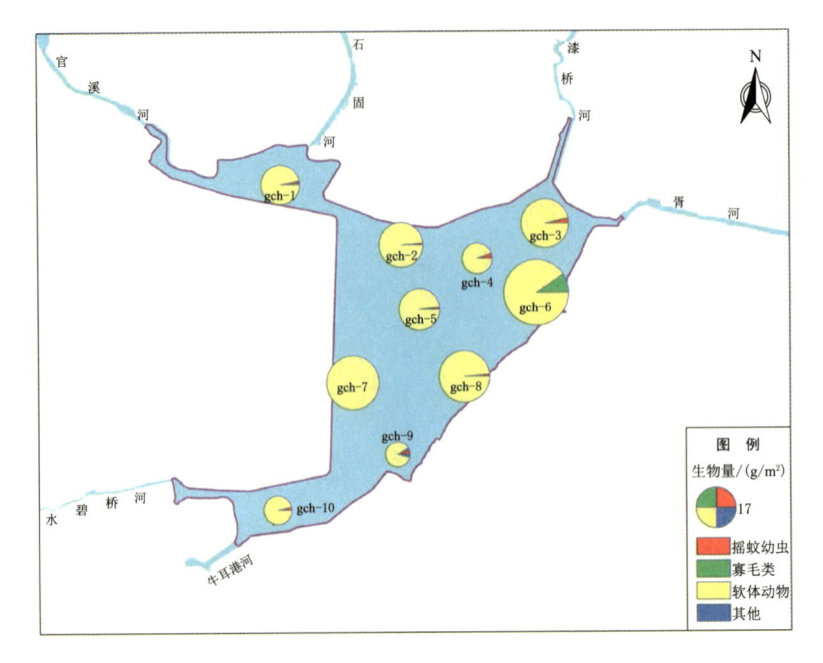

图 7.4　2021年固城湖底栖动物总体生物量的时空变化

(a) 春季

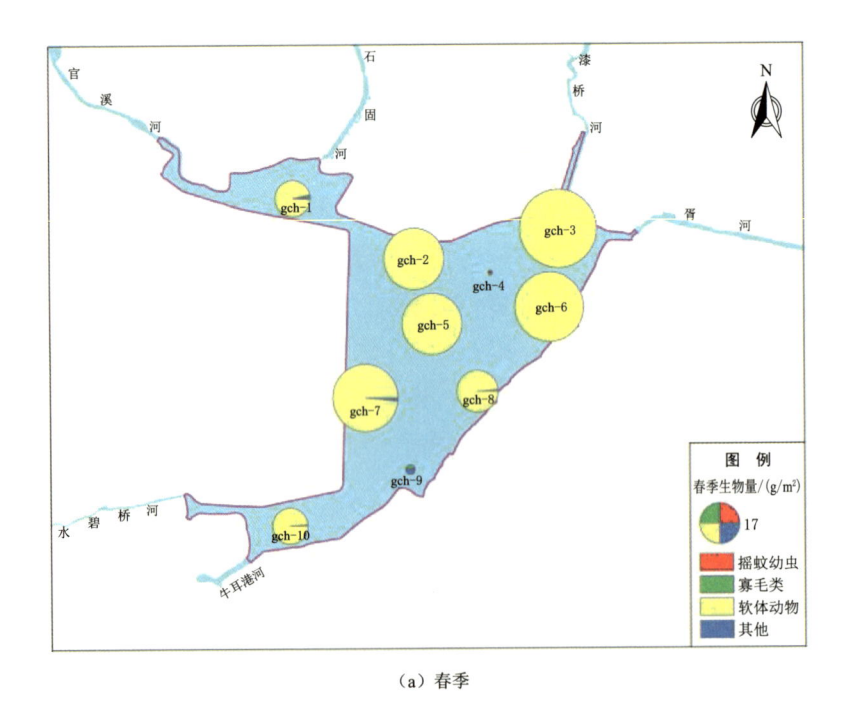

图 7.5（一）　2021年不同季节固城湖底栖动物生物量空间分布差异

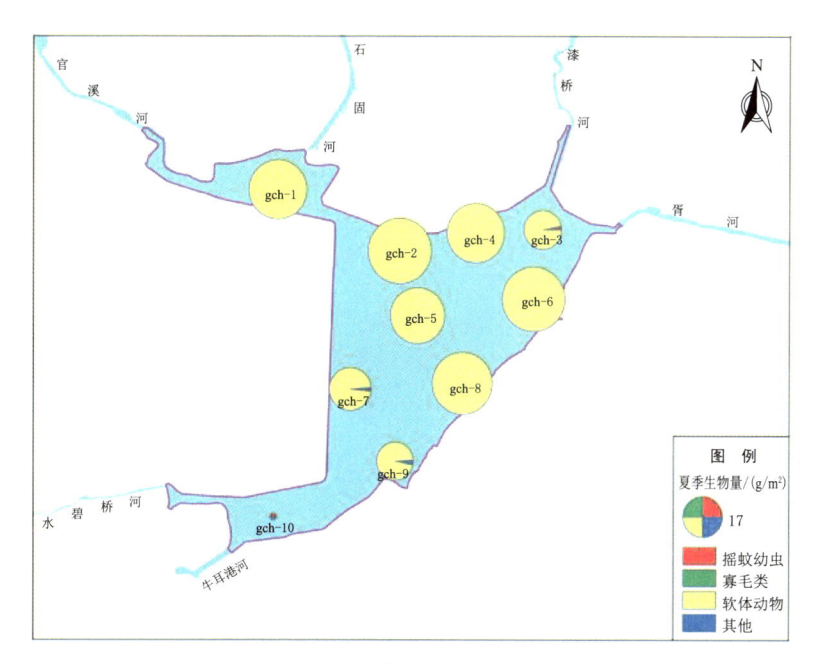

(b）夏季

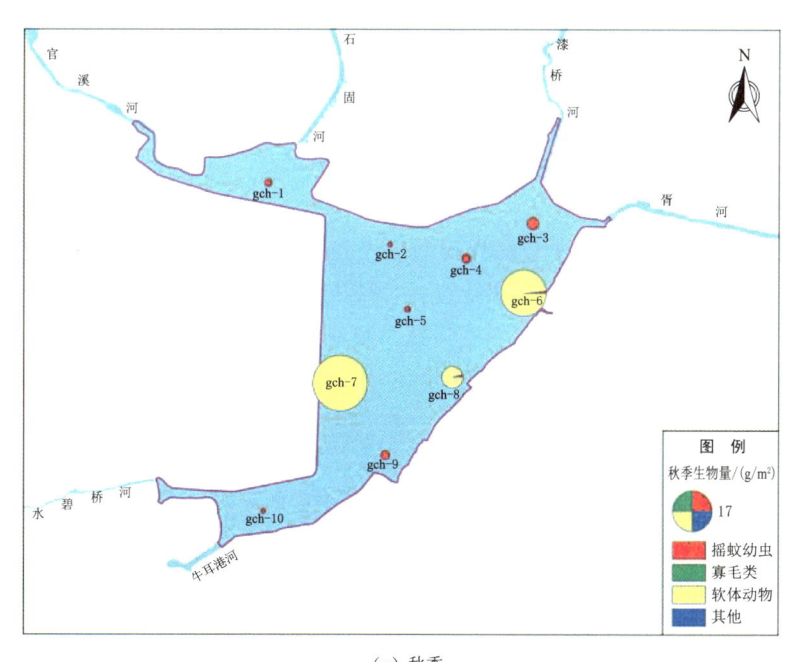

(c）秋季

图 7.5（二） 2021年不同季节固城湖底栖动物生物量空间分布差异

93

(d) 冬季

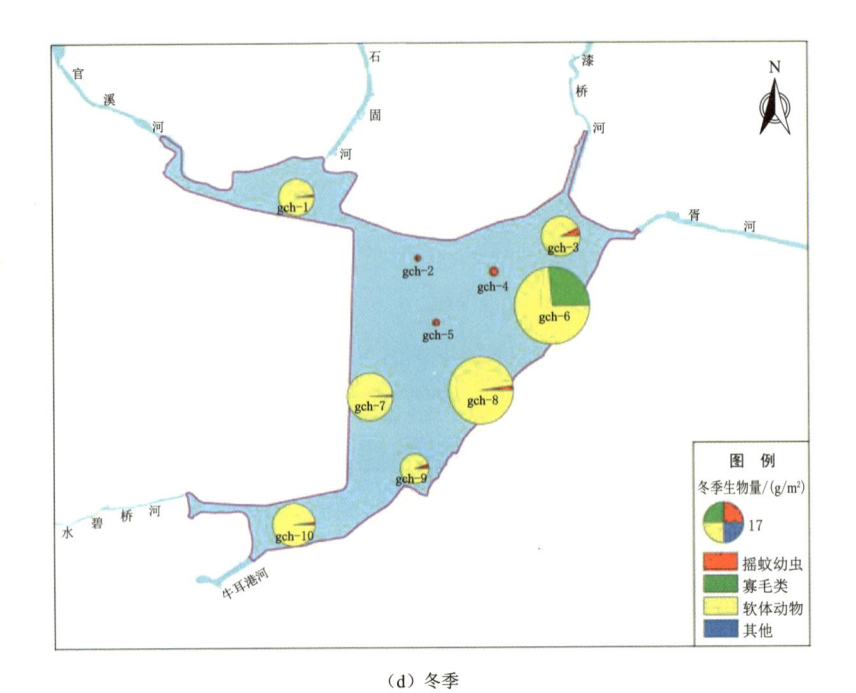

图 7.5（三） 2021 年不同季节固城湖底栖动物生物量空间分布差异

7.4 底栖动物群落多样性研究

采用 Shannon - Wiener 多样性指数和 Pielou 均匀度指数来进行评估底栖动物群落的 alpha 多样性。通过公式计算，2021 年固城湖底栖动物群落的 Shannon - Wiener 多样性指数与 Pielou 均匀度指数计算结果具体如下。

2021 年固城湖底栖动物群落的 Shannon - Wiener 多样性指数均值为 1.11，其中多样性指数均值春季为 1.18，夏季为 1.24，秋季为 0.82，冬季为 1.18，如图 7.6 所示。

2021 年固城湖底栖动物群落的 Pielou 均匀度指数均值为 0.91，秋季均匀度指数较低；空间上，各点位差异不显著，如图 7.7 所示。

上述两种 alpha 多样性指数的分析结果显示，2021 年固城湖水体中底栖动物群落在密度和生物量上存在着一定程度的季节分布格局，但从多样性角度观察，不同季节的底栖动物群落差异不大[60-61]。

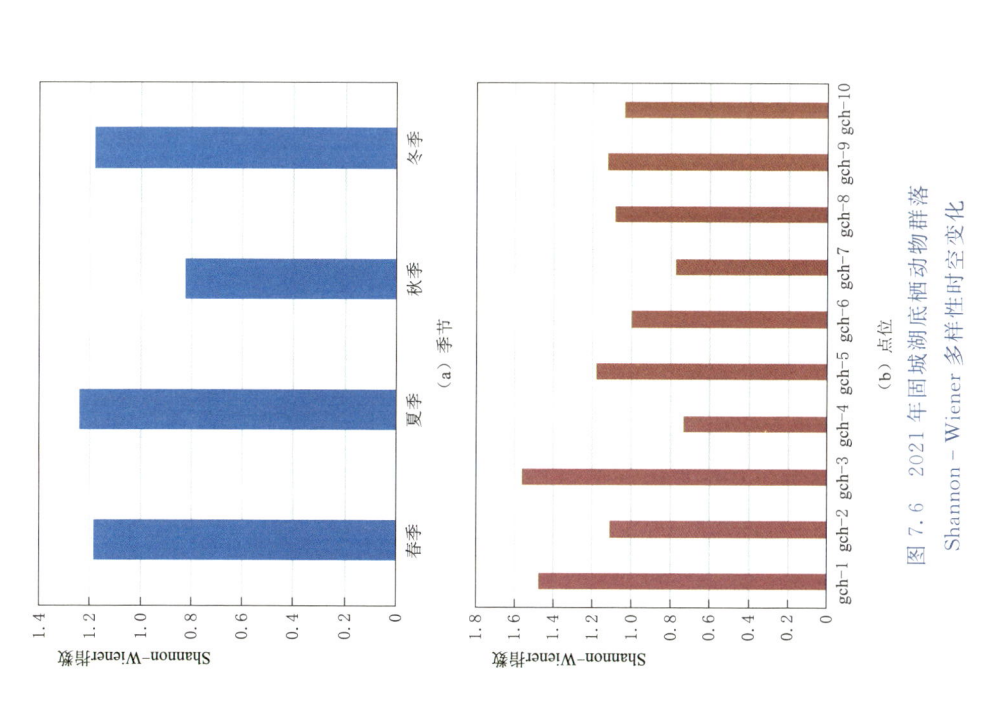

图 7.6 2021 年固城湖底栖动物群落 Shannon-Wiener 多样性时空变化

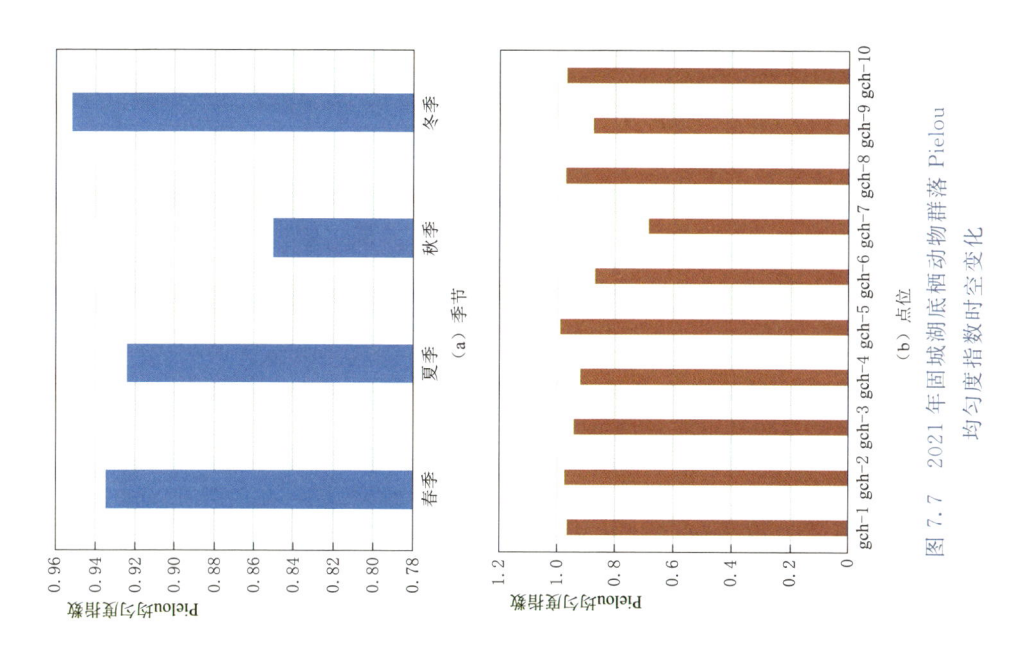

图 7.7 2021 年固城湖底栖动物群落 Pielou 均匀度指数时空变化

7.5 底栖动物历史变化研究

7.5.1 种类组成及优势种的历史变化趋势研究

2013年调查显示：固城湖各监测点的样品中，共观察到底栖动物24种（属）。其中摇蚊科幼虫种类最多，共计12种；水栖寡毛类次之，共7种，主要为寡毛纲颤蚓科的种类；软体动物较少，共4种，均为螺类；蛭类1种，为扁舌蛭。优势种主要为粗腹摇蚊、苏氏尾鳃蚓、半折摇蚊、环棱螺、中华河蚓和红裸须摇蚊。

2015年调查显示：固城湖各监测点的样品中，共观察到底栖动物11种（属）。其中摇蚊科幼虫种类最多，共计7种；寡毛类与软体动物种类相同，均为2种。优势种主要为苏氏尾鳃蚓、中国长足摇蚊、内摇蚊和环棱螺。

2017年调查显示：固城湖各监测点的样品中，共观察到底栖动物22种（属）。其中摇蚊科幼虫种类最多，共计10种；寡毛类次之，共检出7种；软体动物种类最少，为3种；其他检测出2种，包括蛭类1种、蜻蜓目1种。优势种主要为苏氏尾鳃蚓、颤蚓、黄色羽摇蚊和红裸须摇蚊。

2018年调查显示：固城湖各监测点的样品中，共观察到底栖动物17种（属）。其中摇蚊科幼虫种类最多，共计8种；寡毛类次之，共检出4种；软体动物种类最少，为3种；其他检测出2种，均为蛭类。优势种主要为颤蚓、黄色羽摇蚊、红裸须摇蚊和梨形环棱螺。

2019年调查显示：固城湖各监测点的样品中，共观察到底栖动物17种（属）。其中摇蚊科幼虫种类最多，共计7种；寡毛类与软体动物次之，均检出4种；其他检测出2种，均为蛭类。优势种主要为黄色羽摇蚊、红裸须摇蚊、刺铗长足摇蚊和梨形环棱螺。

2020年调查显示：固城湖各监测点的样品中，共观察到底栖动物15种（属）。其中摇蚊科幼虫种类最多，共计8种；寡毛类次之，共检出4种；其余还检出软体动物2种，其他类1种。优势种主要为黄色羽摇蚊、红裸须摇蚊、刺铗长足摇蚊和梨形环棱螺。

2021年固城湖共鉴定出底栖动物13种（属）。其中摇蚊幼虫的种类最多，为6种；其次是寡毛类，为3种；再次是软体动物，为2种；其他包括秀丽白虾、扁舌蛭共2种。

总结上述历年来的底栖动物的调查数据，得到固城湖近几年来底栖动物种类数量的变化情况，如图7.8所示。整体上，底栖动物种类呈现出波动下降的趋势，2021年种类最少。摇蚊幼虫、寡毛类与软体动物是底栖动物群落的主要类群。相比之下，软体动物种类在历年间差异不大，但寡毛类与摇蚊幼虫的种

类数量呈现出下降的趋势，这是造成底栖动物种类下降的主要原因。

图 7.8　固城湖底栖动物种类数量的历年变化

7.5.2　密度的历史变化趋势

2013 年固城湖全湖的底栖动物密度年平均为 5565 个/m²。其中摇蚊科幼虫为 4506 个/m²，占总体密度的 80.97%；寡毛类为 975 个/m²，占总体密度的 17.52%；软体动物为 48 个/m²，占总体密度的 0.86%；其他底栖动物为 36 个/m²，占总体密度的 0.65%。

2015 年固城湖全湖的底栖动物密度年平均为 3174 个/m²。其中摇蚊科幼虫为 2626 个/m²，占总体密度的 82.73%；寡毛类为 500 个/m²，占总体密度的 15.75%；软体动物为 48 个/m²，占总体密度的 1.52%。

2017 年固城湖全湖的底栖动物密度年平均为 3400 个/m²。其中摇蚊科幼虫为 2210 个/m²，占总体密度的 65.0%；寡毛类为 1008 个/m²，占总体密度的 29.65%；软体动物为 75 个/m²，占总体密度的 2.20%；其他底栖动物为 107 个/m²，占总体密度的 3.15%。

2018 年固城湖全湖的底栖动物密度年平均为 2829 个/m²。其中摇蚊科幼虫为 2440 个/m²，占总体密度的 86.25%；寡毛类为 298 个/m²，占总体密度的 10.53%；软体动物为 83 个/m²，占总体密度的 2.94%；其他底栖动物为 8 个/m²，占总体密度的 0.28%。

2019 年固城湖全湖的底栖动物密度年平均为 1817 个/m²。其中摇蚊科幼虫为 1444 个/m²，占总体密度的 79.47%；寡毛类为 210 个/m²，占总体密度的 11.56%；软体动物为 135 个/m²，占总体密度的 7.43%；其他底栖动物为 28 个/m²，占总体密度的 1.54%。

2020 年固城湖全湖的底栖动物密度年平均为 1558 个/m²。其中摇蚊科幼虫为 1411 个/m², 占总体密度的 90.56%; 寡毛类为 113 个/m², 占总体密度的 7.25%; 软体动物为 30 个/m², 占总体密度的 1.93%; 其他底栖动物为 4 个/m², 占总体密度的 0.26%。

2021 年固城湖水体中底栖动物平均密度为 1152.5 个/m²。其中,摇蚊科幼虫为 1076.8 个/m², 占总体密度的 93.4%; 寡毛类为 25.8 个/m², 占总体密度的 2.2%; 软体动物为 33.2 个/m², 占总体密度的 2.8%; 其他底栖动物为 16.7 个/m², 占总体密度的 1.6%。

总结上述历年来的底栖动物的调查数据,得到固城湖近几年来底栖动物密度的变化情况,如图 7.9 所示。固城湖底栖动物密度呈现出明显的逐年下降的趋势,2021 年最低。摇蚊幼虫与寡毛类是底栖动物群落密度变化的主要贡献类群,它们也呈现出明显的逐年下降趋势。

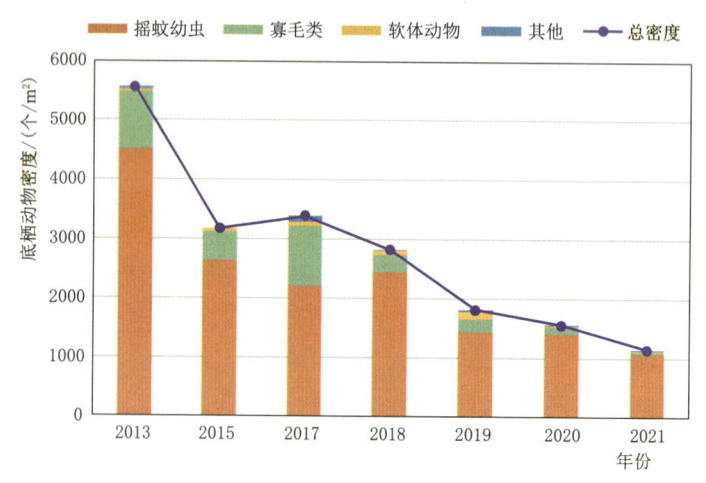

图 7.9 固城湖底栖动物密度的历年变化

7.5.3 生物量的历史变化趋势

2013 年固城湖全湖的底栖动物生物量年平均为 178.38g/m²。其中摇蚊科幼虫为 54.30g/m², 占总体生物量的 30.44%; 寡毛类为 44.59g/m², 占总体生物量的 25.0%; 软体动物为 79.33g/m², 占总体生物量的 44.47%; 其他底栖动物为 0.16g/m², 占总体生物量的 0.09%。

2015 年固城湖全湖的底栖动物生物量年平均为 146.95g/m²。其中摇蚊科幼虫为 38.0g/m², 占总体生物量的 25.86%; 寡毛类为 11.70g/m², 占总体生物量的 7.96%; 软体动物为 97.25g/m², 占总体生物量的 66.18%。

2017 年固城湖全湖的底栖动物生物量年平均为 113.48g/m²。其中摇蚊科幼虫为 30.17g/m², 占总体生物量的 26.59%; 寡毛类为 12.62g/m², 占总体生物量的 11.12%; 软体动物为 70.09g/m², 占总体生物量的 61.76%; 其他底栖动物为 0.61g/m²，占总体生物量的 0.53%。

2018 年固城湖全湖的底栖动物生物量年平均为 94.65g/m²。其中摇蚊科幼虫为 39.29g/m²，占总体生物量的 41.51%；寡毛类为 3.55g/m²，占总体生物量的 3.75%；软体动物为 50.64g/m²，占总体生物量的 53.50%；其他底栖动物为 1.18g/m²，占总体生物量的 1.24%。

2019 年固城湖全湖的底栖动物生物量年平均为 231.20g/m²。其中摇蚊科幼虫为 23.54g/m²，占总体生物量的 10.17%；寡毛类为 3.10g/m²，占总体生物量的 1.34%；软体动物为 204.0g/m²，占总体生物量的 88.23%；其他底栖动物为 0.62g/m²，占总体生物量的 0.26%。

2020 年固城湖全湖的底栖动物生物量年平均为 101.0g/m²。其中摇蚊科幼虫为 22.41g/m²，占总体生物量的 22.19%；寡毛类为 1.24g/m²，占总体生物量的 1.24%；软体动物为 77.27g/m²，占总体生物量的 76.51%；其他底栖动物为 0.06g/m²，占总体生物量的 0.06%。

2021 年固城湖沉积物中底栖动物各季节平均生物量为 96.97g/m²。其中，摇蚊科幼虫为 13.85g/m²，占总体生物量的 14.3%；寡毛类为 0.83g/m²，占总体生物量的 0.8%；软体动物为 81.3g/m²，占总体生物量的 83.8%；其他底栖动物为 1.01g/m²，占总体生物量的 1.1%。

固城湖多年底栖动物生物量的变化趋势与密度不同（图 7.10），呈现出先下降再上升后下降的反复趋势，但其中 2019 年底栖动物生物量最高，主要是 2019 年检测到的软体动物数量远大于其他年份。由于软体动物重量远大于其他底栖生物，所以 2019 年生物量较高，2018 年和 2021 年生物量相对较小。底栖动物生物量的逐年下降是底栖动物生物量逐年下降的主要原因。

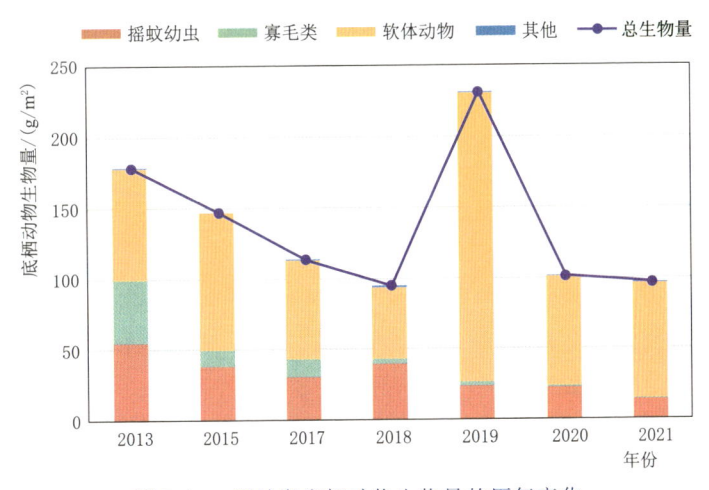

图 7.10　固城湖底栖动物生物量的历年变化

第8章

渔业资源管理和鱼类群落特征研究

8.1 渔业资源管理

8.1.1 湖区历年渔业管理机构和主要责任

固城湖属长江下游中小型浅水湖，水产资源丰富，鱼的种类众多。因1954年特大洪水，湖中水生植物遭灭顶之灾，影响了渔业生产。为恢复和发展固城湖水产资源，1959年2月19日成立了沿湖7个公社组成的湖荡建设筹备委员会。1960年11月21日，正式成立了建湖委员会。1966年3月，又建立高淳县固城湖水产资源增殖管理委员会，开始了资源繁殖保护和资源增殖工作。1972年7月17日，为进一步加强固城湖水产资源保护和湖区水产事业的领导，成立了高淳县固城湖水产管理委员会，湖泊养殖实行"以繁为主，繁养结合"的路线[62-63]。1991年9月26日，为切实贯彻渔业法规，保护水产资源，维护正常的湖区生产秩序，保障渔民的合法权益，建立了高淳县固城湖渔政监督管理站，并与高淳县固城湖水产管理委员会合署办公。1995年4月高淳县人民政府批准成立了"高淳县固城湖中华绒螯蟹原种场"，一套班子两块牌子，与固城湖水产管理委员会合署办公。固城湖水产管理委员会是固城湖水域的领导管理机构，其主要职能是依法对固城湖全域渔政监督管理，对鱼苗鱼种繁育、中华绒螯蟹选育和湖区人工增殖放流，管委会要根据湖区实际，制订湖区管理办法、条例、布告和规定，提请高淳县人大常委会和高淳县人民政府颁布后认真执行。合署办公的主要职责包括：①依据《中华人民共和国渔业法》对固城湖全湖水域进行渔政监督管理，维护湖区正常的渔业生产秩序，保障渔民的合法权益。②负责贯彻实施高淳县人民政府《关于加强固城湖水产养殖管理的实施细则》，增殖放流鱼苗鱼种及蟹苗蟹种，实行半年封湖禁捕制度，增殖、保护湖区水产资源，造福沿湖专兼业渔民，促进渔业增效、渔民增收。③固城湖作为国家级中华绒螯蟹水产原种场，肩负着长江水系中华绒螯蟹育种、保种、供种的任务。原种场在高淳县完备的螃蟹产业链条中起到了龙头带动作用，在固城湖螃蟹品牌建设和知名度提升上创造了良好的生态环境，在湖区资源的增殖、保护、合理利用方面发挥了重要职能作用[64]。目前，高淳区固城湖水产管理委员主要对固城湖的渔业实施制度化、法制化、科学化管理。

8.1.2 湖区历年渔业资源增殖放流情况

固城湖在20世纪60年代初至80年代中期，湖泊人工补给放养量较为稳定[65]。为加强集中领导，运用科学管理，自1985年始，采取人工放流（资源补充）与繁殖保护（资源恢复）并举的方针，加大规格鱼种放养量以及改投大眼幼体幼蟹。近年来高淳区政府为保护水源地水质，取消了围网水产养殖。从2000年起，区政府每年春季开展渔业资源增殖放流活动，投放花白鲢、鳙、细鳞斜颌鲴等。历年渔业增殖放流情况见表8.1，水产品产量情况见表8.2。

表 8.1　　　固城湖 1985—2022 年渔业增殖放流情况表

年份	夏花/万尾	斤两鱼种/kg	长江幼蟹	细鳞斜颌鲴/万尾	鳜/万尾
1985	214	1350	3.25kg		
1986	274	2550	26kg（5.2万只）		
1987	330	3400	505.7kg		
1988	350	3750	791.5kg		
1989	400	4140	841kg		
1990	446	5717	937kg		
1991	400	6250	1075kg		
1992	450	7250	1590kg		
1993	498	6000	1517kg		
1994	399	5860	1050kg		
1995	400	5764	1206kg		
1996	400	8940	860kg		
1997	380	10368	450kg		
1998	300	7750	420kg		
1999		15000	31万只		
2000		25000	35万只		
2001		25000	40万只		
2002		25000	50万只		

续表

年份	夏花/万尾	斤两鱼种/kg	长江幼蟹	细鳞斜颌鲴/万尾	鳜/万尾
2003		26200	56.7 万只		
2004		25600	60.7 万只		
2005		25100	61.4 万只		
2006		25300	68.3 万只		
2007		25700	53.3 万只		
2008		2600	50.0 万只		
2009		25600	53 万只	10	
2010		25100	107.3 万只	10.05	
2011		35000	80 万只	10	
2012		35000	80 万只	10	
2013		31000	50 万只	8	

鲢、鳙、草鱼、鳊、鲤 10 尾/kg

| 2014 | | 15000 | 40 万只 | 5 | |

鲢、鳙、草鱼、鳊、鲤 10 尾/kg

| 2015 | | 10000 | 25 万只 | 3 | 1.56（4.8cm） |

鲢、鳙、草鱼、鲤

| 2016 | | 5052 | 40 万只 | 3 | |

鲢 226kg、鳙 3309kg、草鱼 678kg、鲤 839kg

| 2017 | | 8553 | 15 万只 | 4.5 | |

鲢 1086kg、鳙 5428kg、草鱼 735kg、鲤 1304kg

| 2018 | | 23371 | 28.62 万只 | 15.17 | |

鲢 12.2 尾/kg（11769kg）、鳙 12.1 尾/kg（5733.5kg）、草鱼 14.2 尾/kg（5829.5kg）；中华绒螯蟹 282 只/kg；鲴 8cm/尾

| 2019 | | 22980 | 29.9 万只 | 16.67 | |

鲢 13 尾/kg、14.9 万尾（11464 kg），鳙 13 尾/kg、7.5 万尾（5765 kg），草鱼 13 尾/kg、7.5 万尾（5751 kg）；中华绒螯蟹 281.3 只/kg；鲴 7.25cm/尾

| 2020 | | 59131 | 75 万只 | 20 | |

鲢 18.2 尾/kg、55.3 万尾（30391 kg），鳙 15.4 尾/kg、22.2 万尾（14428 kg），草鱼 17.2 尾/kg、24.6 万尾（14312 kg）；中华绒螯蟹 235.3 只/kg；鲴 7.6cm/尾

续表

年份	夏花/万尾	斤两鱼种/kg	长江幼蟹	细鳞斜颌鲴/万尾	鳜鱼/万尾
2021		28631	30.34 万只	10.37	

鲢 14.6 尾/kg、20.89 万尾（14309kg），鳙 15.3 尾/kg、10.97 万尾（7172kg），草鱼 15.1 尾/kg、10.8 万尾（7150kg）；中华绒螯蟹 268 只/kg；鲴 7.8cm/尾

| 2022 | 528 | 29647 | 28.29 万只 | 10.35 | |

夏花 528 万尾；鲢 3.7cm、263 万尾，鳙 4.3cm、265 万尾；鲢 15.6 尾/kg、22.46 万尾（14399kg），鳙 15.8 尾/kg、12.41 万尾（7854kg），草鱼 18.75 尾/kg、13.86 万尾（7394kg）；中华绒螯蟹 226 只/kg；鲴 7.9cm/尾

表 8.2　　固城湖 1985—2020 年水产品产量情况统计表

年份	总产量/万 kg	各种类产量				备 注
		螃蟹/万 kg	青虾/万 kg	鱼类/万 kg	贝类/万 kg	
1985	65					
1986	70	0.35	15	54.65		
1987	65	3.5	11.5	50		
1988	79.2	4	10.2	65		
1989	81.5	4.2	12.8	64.5		
1990	82.5	4	10.5	61.5		
1991	84	3.5	18	62.5		
1992	84	6	20	58		
1993	85.5	5.1	20	60.4		
1994	87.4	4.8	25.6	57		
1995	82.7	3	20	59.7		
1996	99.5	2	20	77.5		
1997	100.4	2.3	20.5	77.6		
1998	99.1	1.5	20	77		
1999	115.6	3.5	22	90.1		
2000	125.4	3	24	98.4		
2001	127.4	4.2	25.2	98		
2002	170	3.5	26.5	95	45	贝类产量的统计
2003	180	10	30	90	50	
2004	180	10	35	90	45	
2005	187.5	10.5	32	95	50	

续表

年份	总产量/万 kg	各种类产量				备 注
		螃蟹/万 kg	青虾/万 kg	鱼类/万 kg	贝类/万 kg	
2006	189.5	12.5	32	95	50	
2007	190	15	32	93	50	
2008	188	10.5	32.5	95	50	
2009	190	11	32	97	50	
2010	142	11	30	101		禁止捕捞贝类
2011	74	7	22	45		禁止捕捞贝类
2012	75	7	22	46		禁止捕捞贝类
2013	74	6	20	48		禁止捕捞贝类
2014	62	4	18	40		禁止捕捞贝类
2015						禁止捕捞贝类
2016						禁止捕捞贝类
2017						禁止捕捞贝类
2018						禁止捕捞贝类
2019	41.7	0.6	3	38.1		禁止捕捞贝类
2020						禁止捕捞贝类

8.2 鱼类群落特征研究

8.2.1 样品采集与数据收集

鱼类采集使用定制的多目刺网和串联笼壶。其中，多目刺网长度为125m，高度为1.5m，网目尺寸分别为1.2cm、2cm、4cm、6cm、8cm、10cm、14cm；串联笼壶长度为10m，高度为30cm，宽度30cm，网目尺寸1cm。在采样断面放置多目刺网和串联笼壶各3条，一般在下午18：00左右放网，12h之后收集渔获物[66-68]。主要依据《江苏鱼类志》和Fishbase网站信息等将鱼类鉴定至种，并用便携式天平和游标卡尺测量鱼类的体质量和体长，并利用查阅文献等收集固城湖相关鱼类调查资料。

8.2.2 评价方法

1. 鱼类群落多样性评价方法

鱼类群落的alpha多样性采用Shannon-Wiener多样性指数和Pielou均匀

度指数来进行评估，计算公式和等级划分具体见 5.1.2 章节内容。

2. 鱼类相对重要性指数计算方法

采用相对重要性指数 IRI 衡量不同物种的优势度[69-71]，计算公式如下：

$$IRI=(P\%+W\%)\times F\%$$

式中　$P\%$——某种鱼类占总捕捞量的数量百分比；

$W\%$——质量百分比；

$F\%$——调查中的出现频率。

当 $IRI\geqslant 1000$ 时，该物种定为优势种；当 $100\leqslant IRI<1000$ 时，该物种定为常见种；当 $10\leqslant IRI<100$ 时，该物种定为一般种；当 $IRI<10$ 时，该物种定为少见种。

8.2.3　鱼类种属组成

2021 年，固城湖鱼类调查共采集渔获物 3571 尾，仔稚鱼 3165 个，隶属于 6 目 11 科 32 属 42 种，鲤形目占绝对优势（图 8.1），有 2 科 22 属 30 种。固城湖优势种为细鳞斜颌鲴、刀鲚、鲫、达氏鲌、鲢；主要种为鳊、鳜、花鲭、黄颡鱼、蒙古鲌、翘嘴鲌、蛇鮈、似鳊、似刺鳊鮈、似鳊及鳙。

根据 1980—1981 年和 2017—2018 年固城湖渔业相关收集资料，结合 2021 年现场鱼类调查，共收集到鱼类 83 种（见表 8.3），隶属于 11 目 19 科。其中鲤形目 51 种，占 62.2%；鲈形目 10 种，占 12.2%；鲱形目 8 种，占 9.8%；鲶形目 5 种，占 6.1%；鲀鱼目 3 种，占 3.7%；鳗鲡目、颌针鱼目、合鳃目、鲽形目、刺鳅目各 1 种，占 1.2%。另有湖鲚、红鲤鱼、杂交鲤、红沙鳅、白鲫（大板鲫）等。它们由以下 5 个区系复合体组成：①中国江河平原鱼类区系复合体；

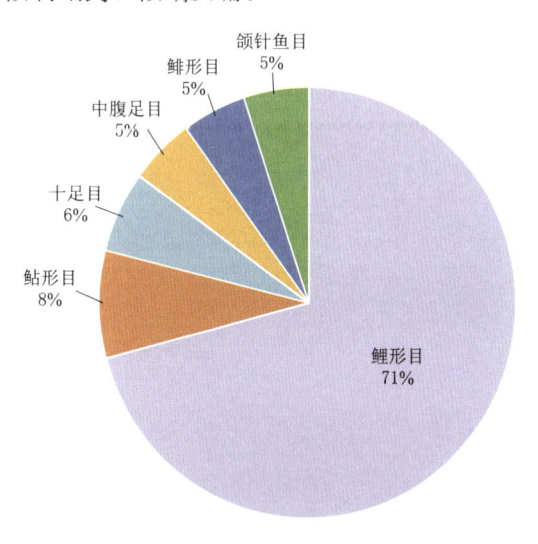

图 8.1　固城湖各目鱼类组成

②印度平原鱼类区系复合体；③北方平原鱼类区系复合体；④中印山区鱼类区系复合体；⑤海水鱼类区系复合体。同时，兼具长江下游中小型浅水湖泊鱼类的特征。

根据鱼类的生态类群，固城湖鱼类可分为：①过河洄游性鱼类，主要有鲥鱼、刀鲚、日本鳗、暗纹东方、弓斑东方三线舌鳎鱼等；②江湖半回游性鱼类，主要有青鱼、草鱼、鲢、鳙、赤眼鳟、长春鳊、鳜等。以上两类，多数在开闸时，随江水灌江纳苗进入湖区。③湖泊定居性鱼类：此类鱼占固城湖鱼类组成70%以上，主要有湖鲚、短颌鲚、太湖短吻银鱼、大银鱼、鲤鱼、鲫鱼、鳊鱼等。

表8.3　　　　　　　　固城湖水产种质资源保护区鱼类名录

序号	种类	生态类型	序号	种类	生态类型
一	鲱形目		(21)	唇䱻	SF、D、O
1	鲱科		(22)	铜鱼	RF、L、O
(1)	鲥	RS、U、O	(23)	似刺鳊鮈	SF、L、C
2	鳀科		(24)	贝氏䱗	SF、U、O
(2)	刀鲚	RS、U、C	(25)	䱗	SF、U、O
(3)	短颌鲚	SF、U、C	(26)	似鳊	SF、U、O
二	鲑形目		(27)	似鱎	SF、U、O
3	银鱼科		(28)	鳊	SF、L、H
(4)	大银鱼	RS、U、C	(29)	团头鲂	SF、D、H
(5)	陈氏新银鱼	RS、U、C	(30)	三角鲂	SF、U、O
(6)	短吻间银鱼	RS、U、C	(31)	红鳍原鲌	SF、U、C
(7)	乔氏新银鱼	RS、U、C	(32)	尖头鲌	SF、U、C
三	鳗鲡目		(33)	达氏鲌	SF、U、C
4	鳗鲡科		(34)	翘嘴鲌	SF、U、C
(8)	日本鳗鲡	RS、L、C	(35)	蒙古鲌	SF、U、C
四	鲤形目		(36)	银飘鱼	SF、U、O
5	鲤科		(37)	寡鳞飘鱼	SF、U、O
(9)	鲤		(38)	鳡	RL、U、C
(10)	鲫	SF、D、O	(39)	赤眼鳟	RL、L、O
(11)	白鲫	SF、D、O	(40)	鯮	RL、L、C
(12)	棒花鱼	SF、D、O	(41)	青鱼	RL、D、C
(13)	麦穗鱼	SF、L、O	(42)	草鱼	RL、L、H
(14)	华鳈	SF、D、O	(43)	南方马口鱼	SF、U、C
(15)	黑鳍鳈	SF、D、O	(44)	银鲴	SF、L、O
(16)	蛇鮈	SF、D、O	(45)	细鳞斜颌鲴	SF、L、O
(17)	长蛇鮈	SF、D、O	(46)	黄尾鲴	SF、D、O
(18)	银鮈	SF、L、O	(47)	兴凯鱊	SF、D、O
(19)	点纹银鮈	SF、L、O	(48)	无须鱎	SF、D、O
(20)	花䱻	SF、D、O	(49)	斑条鱊	SF、D、O

续表

序号	种类	生态类型	序号	种类	生态类型
(50)	大鳍鳠	SF、D、O	(68)	黄鳝	SF、D、C
(51)	大口鲶	SF、D、O	九	鲈形目	
(52)	越南鳠	SF、D、O	12	鮨科	
(53)	寡鳞鳠	SF、D、O	(69)	鳜	SF、D、C
(54)	高体鳑鲏	SF、D、O	(70)	大眼鳜	SF、D、C
(55)	中华鳑鲏	SF、D、O	(71)	斑鳜	SF、D、C
(56)	鲢	RL、U、P	(72)	暗鳜	SF、D、C
(57)	鳙	RL、U、P	(73)	长体鳜	SF、D、C
6	鳅科		13	沙塘鳢科	
(58)	泥鳅	SF、D、O	(74)	小黄黝鱼	SF、D、O
(59)	大鳞副泥鳅	SF、D、O	(75)	河川沙塘鳢	SF、D、O
(60)	中华花鳅	SF、D、O	14	鳢科	
五	鲇形目		(76)	乌鳢	SF、D、C
7	鲿科		15	丝足鲈科	
(61)	白边鮠	SF、D、C	(77)	圆尾斗鱼	SF、D、O
(62)	瓦氏黄颡鱼	SF、D、C	16	虾虎鱼科	
(63)	光泽黄颡鱼	SF、D、C	(78)	子陵吻虾虎鱼	RS、D、O
(64)	黄颡鱼	SF、D、C	17	刺鳅科	
8	鲇科		(79)	中华刺鳅	SF、D、O
(65)	鲇	SF、D、C	十	鲽形目	
六	鳉形目		18	舌鳎科	
9	青鳉科		(80)	三线舌鳎	EF、D、O
(66)	中华青鳉	SF、U、O	十一	鲀形目	
七	颌针鱼目		19	鲀科	
10	鱵科		(81)	暗纹东方鲀	RS、D、C
(67)	间下鱵	RS、U、O	(82)	弓斑东方鲀	RS、D、C
八	合鳃目		(83)	黄鳍东方鲀	RS、D、C
11	合鳃科				

注 SF 为淡水定居性，RL 为江湖洄游性，RS 为河海洄游型；O 为杂食性，C 为肉食性，P 为浮游植物食性；U 为中上层，L 为中下层，D 为底层。

8.2.4 鱼类群落多样性研究

2021年固城湖鱼类群落的Shannon-Wiener多样性指数均值为1.59。其中春季多样性指数均值为2.51，夏季均值为0.78，秋季均值为1.62，冬季均值为1.45，如图8.2所示。

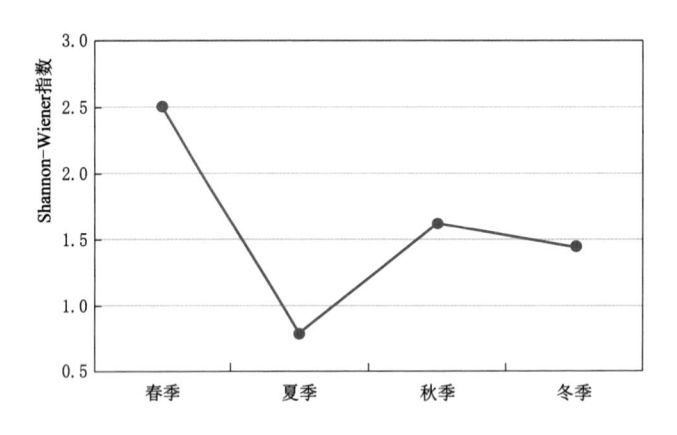

图8.2　固城湖鱼类群落Shannon-Wiener多样性季节变化研究

2021年固城湖鱼类群落的Pielou均匀度指数均值为0.68，如图8.3所示。其中，春季均匀度指数最高（0.92），夏季均匀度指数最低（0.42），各季节均匀度指数呈现一定的季节波动。

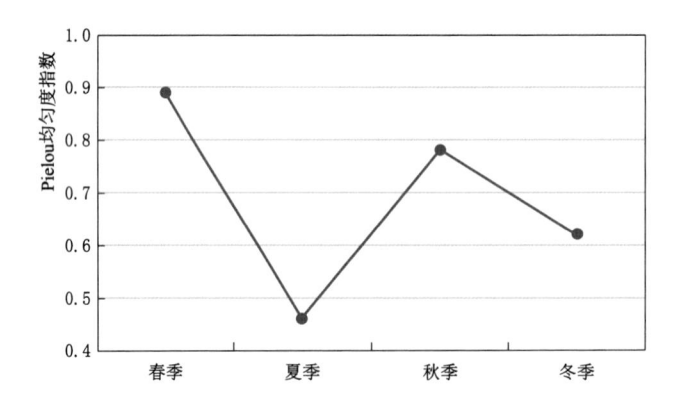

图8.3　固城湖鱼类群落Pielou均匀度季节变化研究

8.3 鱼类历史变化研究

8.3.1 种类历史变化研究

1980—1981年,固城湖共有鱼类82种,隶属11个目,25个科(或亚目)。其中鲤形目51种,占62.2%;鲈形目10种,占12.2%;鲱形目8种,占9.8%;鲇形目5种,占6.1%;鲀鱼目3种,占3.7%;鳗鲡目、颌针鱼目、合鳃目、鲽形目、刺鳅目各1种,占1.2%。另有湖鲚、红鲤鱼、杂交鲤、红沙鳅、白鲫(大板鲫)等[72]。

2016—2018年固城湖共采集到鱼类30种8736尾,重119.28kg,属于5目6科22属。其中鲤形目较多,有26种,占种类数的86.7%;其余为鲈形目、鲇形目、鲱形目、颌针鱼目各1种[73]。

2021年,固城湖鱼类调查共采集鱼类3571尾,仔稚鱼3165个,隶属于6目11科32属42种。

8.3.2 渔获物重量历史变化研究

1951年,固城湖全湖自然捕捞产量可达125万kg,平均亩产可达10.5kg,渔获物种群结构也较为合理[74]。1954年的长江流域特大洪水,固城湖沿湖筑建人工护堤,同时由于湖底平均淤积0.5m,固城湖水面减少到66km²(9.9万亩),生物资源急剧下降。20世纪60—70年代中后期,全湖渔获物下降到70万~75万kg,平均亩产7.6kg。1977年固城湖区围湖造田,固城湖水面减少一半,至1978年固城湖水面仅剩31km²(4.65万亩),渔获物量由此徘徊在40万~60万kg,平均亩产为8.6~13kg。固城湖在20世纪60年代初至80年代中期,湖泊人工补给放养量较为稳定,因此湖泊渔获物数量单位面积波动并不十分显著(随着每年放养量的多少单位面积产量略有变化)。自1985年始,由于加强集中领导,运用科学管理,尤其是采取人工放流(资源补充)与繁殖保护(资源恢复)并举的方针,特别是加大规格鱼种放养量以及改投大眼幼体为幼蟹,其成活率提高,渔产品产量均有增加,呈直线上升的趋势,在很大程度上保护了固城湖水产资源。1986年全湖亩产量达到70万kg,平均亩产15kg。2005年全湖亩产量达到137.5万kg,平均亩产29.6kg。2016—2018年固城湖渔获物重量为119.28kg,2021年固城湖渔获物重量为91.54kg。

第9章

水动力与水质模拟研究

9.1 退圩还湖实施内容

9.1.1 退圩清淤工程

1. 退圩工程

固城湖退圩还湖范围为保护范围线内的全部区域和保护范围线外的永联圩（全部）、永兆圩（部分）、浮山圩（部分）区域[75-77]，通过实施清退围垦围区工程，圩还湖新增保护范围面积为 6.51km²，如图 9.1 所示。

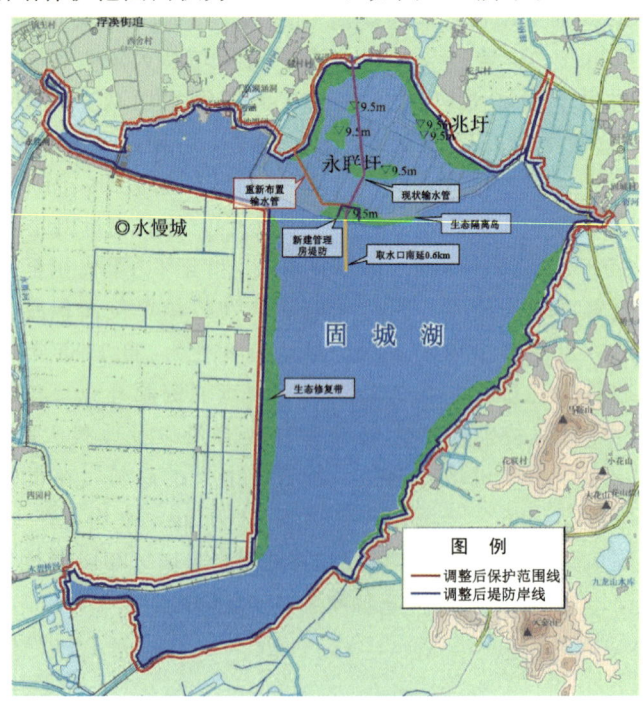

图 9.1 固城湖退圩工程示意图

2. 小湖区清淤

为改善小湖区的生态环境，对小湖区实施环保清淤，清淤面积 1.98km² （图 9.2），清淤底泥约 73 万 m³。

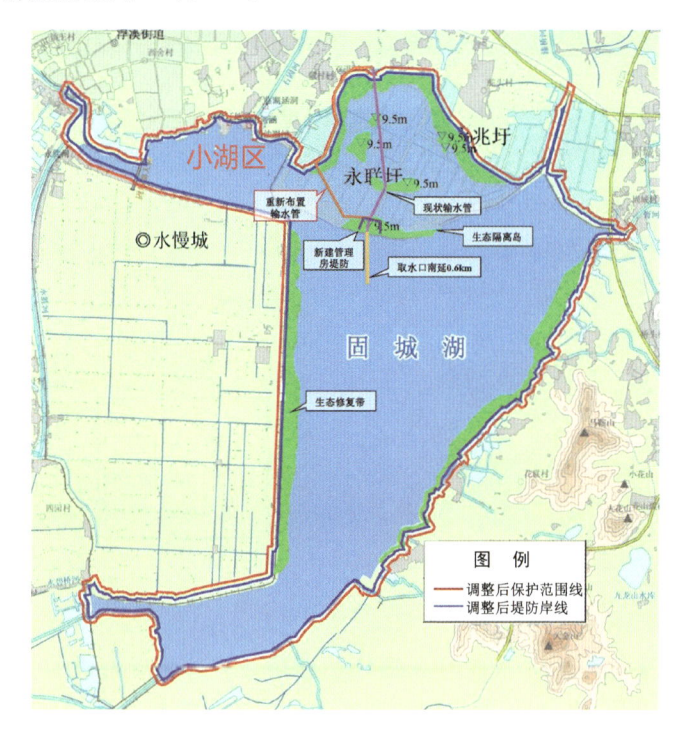

图 9.2 固城湖清淤工程示意图

3. 新建 2 处排泥场（弃土区）

工程范围内设置 8 个弃土区，面积约 2.751km²。其中，原圩区保留 P3～P8 等 6 个区域，适当堆高，总面积约为 0.377km²；P1 和 P2 弃土区分别位于永联圩、浮山圩（图 9.3），弃土区总面积约 2.374km²。

9.1.2 取水设施改建工程

1. 取水口向南迁移 0.6km

由于原高淳自来水厂取水口（设计取水规模 10 万 m³/d）靠近固城湖大湖区北岸，考虑到水质及工程设施的安全，进行取水口向大湖区南部迁移 0.6km，将原来的 2 根输水管（φ800）拆除，新设 2 根输水管道（单根长约 3.8km，总长约 7.6km），管间距为 5.0m。

2. 改建取水泵站

取水规模提升至 11 万 m³/d，同时，由于原取水口管理泵房位于固城湖北

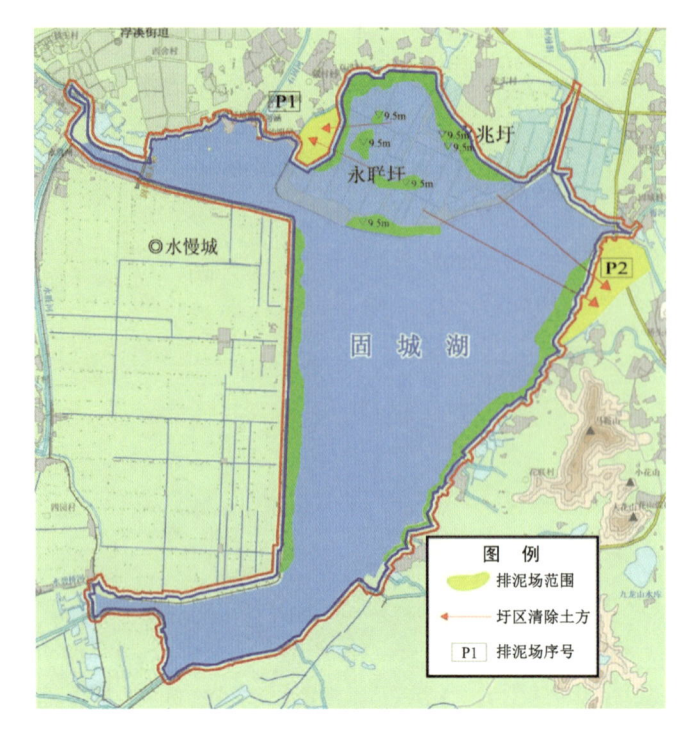

图 9.3 排泥场位置图

岸堤防背水侧永联圩内，永联圩在退圩还湖后，管理房存在被淹没的风险，因此，另需建设一段895m长的堤防与取水口的堤防形成封闭圈，以保障取水设施的安全，如图9.4所示。

图 9.4 取水设施改建工程布置图

9.1.3 岸线调整及航道改线工程

环湖岸线调整，在北侧新建 6.2km 堤防，拓宽红砂嘴闸站以南老堤 0.2km，恢复水域面积 6.11km^2，恢复有效防洪库容 2243.5 万 m^3（固城湖水位从常水位 9.5m 涨至 13.0m 之间的库容），保留现状取水口两侧附近约 1.68km 改建成人工湿地，其余段约 3.7km 老堤全部拆除，并对航道进行改线，如图 9.5 所示。

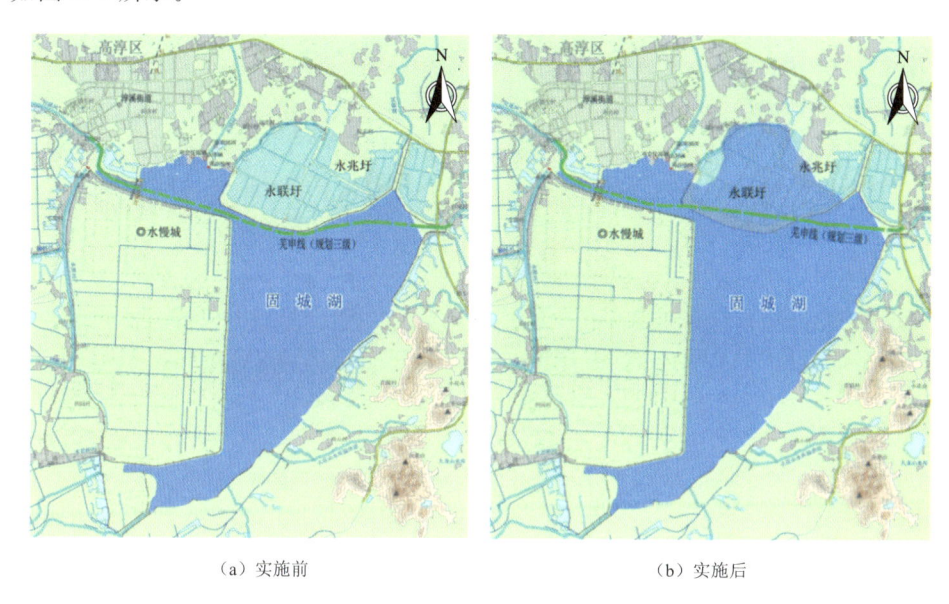

(a) 实施前　　　　　　　　　　(b) 实施后

图 9.5　固城湖航道改线对比图

9.1.4 水生态修复工程

1. 近岸带布设生态修复带 19.1km

在固城湖北侧及大湖区东、西两侧设置 19.1km 生态修复带（还湖区 6.5km，其余分布于大湖区），实施内容主要为栽种乔木、灌木、草皮、沉水植物、挺水植物等。

2. 新建生态岛 6 座

固城湖生态岛主要为航道生态隔离岛和景观生态岛两类，总共建设生态岛 6 座，如图 9.6 所示。其中，航道生态隔离岛建设 1 座，面积约 0.215km^2；景观生态岛建设 5 座，面积约 0.299km^2。

9.1.5 生态监测站改建工程

改建生态监测站 1 座，用于水质和空气质量监测。

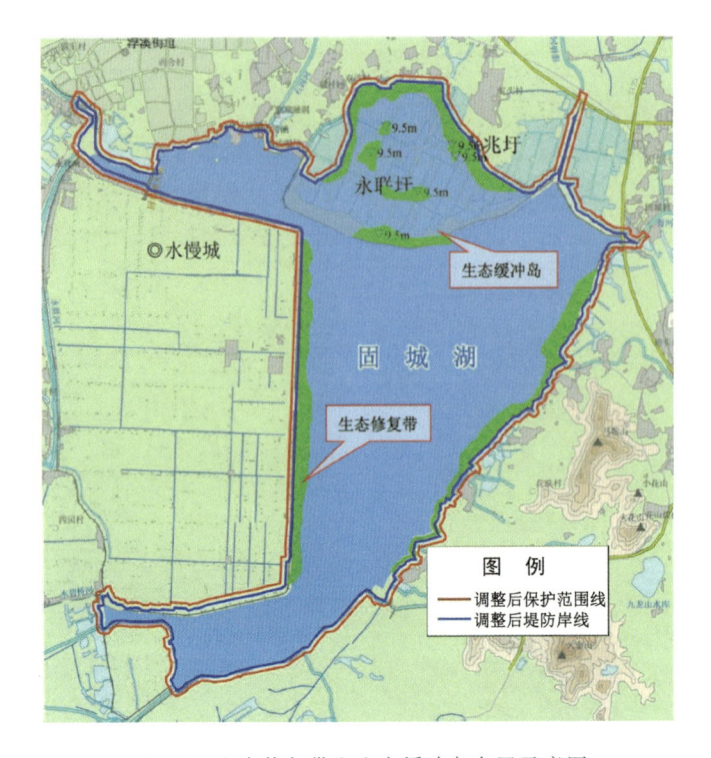

图 9.6　生态修复带和生态缓冲岛布置示意图

9.2　退圩还湖前后水动力与水质变化模拟研究

9.2.1　模型原理

9.2.1.1　水动力模型原理

应用二维非恒定流浅水方程组描述固城湖湖区水体流动。采用有限体积法对方程组进行数值求解，一方面保证了数值模拟的精度，另一方面使方程能模拟包括恒定、非恒定或急流、缓流的水流—水质状态[78]。

首先根据计算区域的地形和边界，采用任意三角形或四边形组成的无结构网格剖分计算区域，然后逐时段地用有限体积法对每一单元建立水量、动量和浓度平衡，从而模拟出固城湖湖区的水流过程[79]。

1. 模型基本原理

（1）模型基本方程。二维浅水方程和对流—扩散方程的守恒形式[80]可表达为

$$\frac{\partial h}{\partial t}+\frac{\partial(hu)}{\partial x}+\frac{\partial(hv)}{\partial y}=0$$

$$\frac{\partial(hu)}{\partial t}+\frac{\partial(hu^2+gh^2/2)}{\partial x}+\frac{\partial(huv)}{\partial y}=gh(s_{0x}-s_{fx}) \quad (9.1)$$

$$\frac{\partial(hv)}{\partial t}+\frac{\partial(huv)}{\partial x}+\frac{\partial(hv^2+gh^2/2)}{\partial y}=gh(s_{0y}-s_{fy})$$

式中　h——水深；

u、v——x、y方向垂线平均水平流速分量；

　　g——重力加速度；

s_{0x}、s_{fx}——x向的水底底坡、摩阻坡度；

s_{0y}、s_{fy}——y向的水底底坡、摩阻坡度。

（2）定解条件。

初始条件：

$$\begin{cases} u(t,h)|_{t=t_0}=u_0 \\ v(t,h)|_{t=t_0}=v_0 \end{cases} \quad (9.2)$$

式中　u_0、v_0——初始流速在x和y上的分量。

计算时取流速$u_0=0$和$v_0=0$，初始水位h_0可以根据实测资料给定。

边界条件：对固城湖湖区各入湖河流边界处采用水位或流量过程控制方法。

2. 离散求解方法

采用有限体积法对方程进行离散[81]，如图9.7所示。

对控制体积分方程，应用 Gauss-Green 公式[82]，化为沿其周界的线积分，得

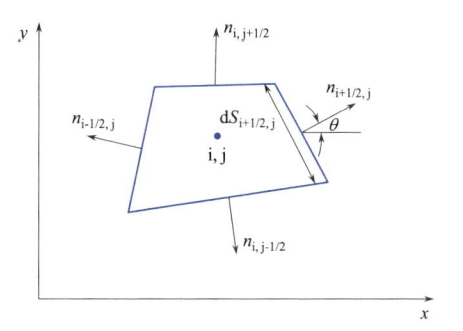

图9.7　有限体积离散示意图

$$\int_\Omega \frac{\partial U}{\partial t}\mathrm{d}\Omega = \int_s (En_x+Gn_y)\mathrm{d}s+\int_\Omega S\mathrm{d}\Omega \quad (9.3)$$

对于m边凸多边形，式（9.3）等号右边第一项可离散成m项之和，在数值上等于被积函数在控制体各边上的法向值与该边长度的乘积，即

$$\int_\Omega \frac{\partial U}{\partial t}\mathrm{d}\Omega = \sum_{i=1}^{m}(E_n^i+G_n^i)L^i+\int_\Omega S\mathrm{d}\Omega \quad (9.4)$$

假定水力要素在各控制体内均匀分布，式（9.4）可以写成为以下的离散形式：

$$A\frac{\partial U}{\partial t} = \sum_{i=1}^{m}(E_n^i + G_n^i)L^i + AS \tag{9.5}$$

由式（9.5）易知，由于只需知道边长及其方向，易用于无结构网格中。可利用欧拉方程的旋转不变性，使计算过程十分类似于一维问题：

$$F_n(U) = E(U)\cos\theta + G(U)\sin\theta \tag{9.6}$$

式中 $F_n(U)$ ——$E(U)$ 和 $G(U)$ 投影到法向的通量。

式（9.6）可写成：

$$A\frac{\partial U}{\partial t} = \sum_{i=1}^{m}F_n^i(U)L^i + AS \tag{9.7}$$

由于 $E(U)$ 与 $G(U)$ 的旋转不变性，因此 $E(U)$ 与 $G(U)$ 在法向上的投影，可以转换为先投影 U 到法向上，即满足关系：

$$T(\theta)F_n(U) = F(\overline{U}) \quad \text{或} \quad F_n(U) = T^{-1}(\theta)F(\overline{U}) \tag{9.8}$$

旋转矩阵 $T(\theta)$ 和旋转逆矩阵 $T^{-1}(\theta)$ 分别为

$$T(\theta) = \begin{bmatrix} 1 & 0 & 0 \\ 0 & \cos\theta & \sin\theta \\ 0 & -\sin\theta & \cos\theta \end{bmatrix} \tag{9.9}$$

$$T^{-1}(\theta) = \begin{bmatrix} 1 & 0 & 0 \\ 0 & \cos\theta & -\sin\theta \\ 0 & \sin\theta & \cos\theta \end{bmatrix} \tag{9.10}$$

把式（9.9）代入式（9.7）中，便得无结构网格有限体积离散的基本方程[83]：

$$A\frac{\partial U}{\partial t} = \sum_{i=1}^{m}T^{-1}(\theta)F(\overline{U})^i L^i + AS \tag{9.11}$$

常用形式的 FVM 方程[84] 为

$$A(U^{n+1} - U^n) = \Delta t\left[\sum_{i=1}^{m}T^{-1}(\theta)F(\overline{U})^i L^i + AS\right] \tag{9.12}$$

式（9.12）左边表示控制体内守恒变量在 Δt 内的变化，右边第一项表示沿第 i 边法向输出的平均通量乘以相应边长，第二项表示控制体内源项（入流及外力）在 Δt 内的作用。这反映了守恒物理量的守恒原理：守恒物理量在控制体内随时间的变化量等于各边法向数值通量的时间变化量和源项的时间变化量。二维问题的求解转化为沿 m 边法向分别求解一维问题的法向数值通量，并进行相应投影[85]。

由于控制体单元界面两侧的 U 或 $\overline{U}$ 值可能不同，即存在 U 或 $\overline{U}$ 值不连续的现象，则存在估计计算单元边界法向通量 $F(\overline{U})$ 的问题，因此采用 Osher 格式计算 $F(\overline{U})$。

9.2.1.2 水体交换时间计算模型原理

水体交换时间可用水龄来表征，即边界水体完全交换至各水体单元的时间（以天计），因此基于可溶性物质平均水龄理论（CART），在数学模型中，利用输运方程计算示踪物浓度和年龄浓度，考虑示踪物仅从一个河流边界进入，不考虑其他源和汇项，示踪物浓度和年龄浓度通过如下方程[86]表示：

$$\frac{\partial C(t,\vec{x})}{\partial t}+\nabla[uC(t,\vec{x})-K\nabla C(t,\vec{x})]=0$$

$$\frac{\partial \alpha(t,\vec{x})}{\partial t}+\nabla[u\alpha(t,\vec{x})-K\alpha(t,\vec{x})]=C(t,\vec{x}) \tag{9.13}$$

式中　$C(t,\vec{x})$——踪物浓度；

$\alpha(t,\vec{x})$——年龄浓度；

u——流速；

K——扩散系数张量；

t——时间；

$\vec{x}$——空间位置。

因此平均年龄[87]可以表示为

$$a(t,\vec{x})=\frac{\alpha(t,\vec{x})}{C(t,\vec{x})} \tag{9.14}$$

水龄模型的边界条件设置为：主要入流边界示踪物浓度设为 1，年龄浓度设为 0，其他的开边界示踪物浓度和年龄浓度均设为 0。

9.2.1.3 水质模型原理

固城湖湖区污染物扩散应用二维对流－扩散方程描述。方程式[88]如下：

$$\frac{\partial(hC_i)}{\partial t}+\frac{\partial(huC_i)}{\partial x}+\frac{\partial(hvC_i)}{\partial y}=\frac{\partial}{\partial x}\left(D_xh\frac{\partial C_i}{\partial x}\right)+\frac{\partial}{\partial y}\left(D_yh\frac{\partial C_i}{\partial y}\right)+S_i$$

$$\tag{9.15}$$

式中　C_i——污染物（COD_{Mn}、BOD、NH_4-N、DO、TP、TN）的垂线平均浓度；

S_i——各污染物源汇项。

(1) 初始条件：初始的污染物浓度 C_0，采用实测数据代入。

(2) 水质边界：

1) 开边界，固城湖湖区各入湖河流边界处污染物随着水流进出该边界，在入流边界给定污染物浓度过程 $C_i(t)$，而在出流边界处给以污染物浓度梯度 $d(C_i)/d_n$。

2) 点源污染，如果固城湖湖区周边地区有相关的工业废水和生活污水，通常给出污水排放速率（kg/s）。

水质变化过程可以拆分为如下 2 个子过程：①对流扩散过程；②源汇变化过程。其中，源汇变化过程是水质模型研究的重点，它描述了水质组分之间复杂的相互作用。

本项目对 COD_{Mn}、NH_4-N、TN、TP 主要考虑其综合降解作用，COD_{Mn}、NH_4-N、TN、TP 的源汇变化过程可用式[89] (9.16) 描述：

$$\frac{\partial COD/NH_4-N/TP/TN}{\partial t} = -K \times COD/NH_4-N/TP/TN + Q_{COD/NH_4-N/TP/TN}$$

(9.16)

式中　　K——$COD/NH_4-N/TP/TN$ 的综合降解系数，1/d；

$Q_{COD/NH_4-N/TP/TN}$——$COD/NH_4-N/TP/TN$ 的外部源汇量，g/m³/d。

COD_{Mn}、NH_4-N、TN、TP 的综合降解系数均与水温有关，水温越高、活性越强[90]，采用 Arrhenius 经验公式（即速率常数与温度之间的关系式）来描述上述反应系数与水温之间的关系，以 20℃ 为中心（20℃时值为1），随温度升高而增加，反之亦反。Arrhenius 公式[91] 如下：

$$F(T) = \theta^{(T-20)}$$

(9.17)

9.2.2 模型建立

9.2.2.1 模型范围

以固城湖湖区退圩还湖工程前后的水域范围为主要研究范围，构建湖区的二维水动力数学模型，工程前为现状条件；工程后小湖区进行了清淤，北部永联圩区蟹塘拆除退圩还湖，如图 9.8 所示。

9.2.2.2 模型概化

采用三角形网格对计算区域进行划分：网格尺寸为 30~50m，工程前共计 10222 个节点，19475 个网格单元；工程后共计 12310 个节点，23470 个网格单元。工程前根据固城湖水下地形实测资料对模型进行概化；工程后小湖区采用清淤后高程，退圩还湖区采用设计湖底高程（5.73m，本研究中均采用吴淞基面），总体上为湖底高程 5.4~5.9m，如图 9.9~图 9.12 所示。

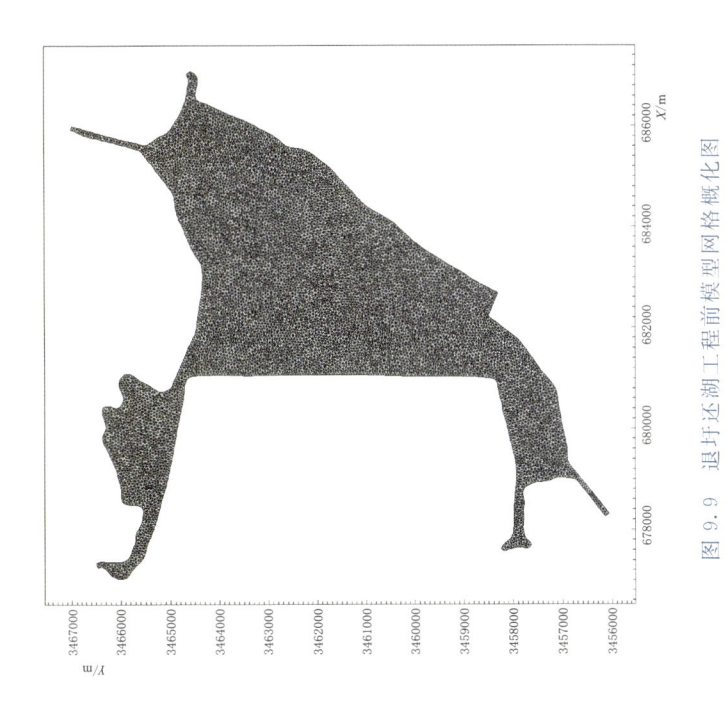

退圩还湖前后水动力与水质变化模拟研究 | 9.2

图 9.9 退圩还湖工程前模型网格概化图

图 9.8 模型范围示意图

图 9.11 退圩还湖工程前模型地形概化图

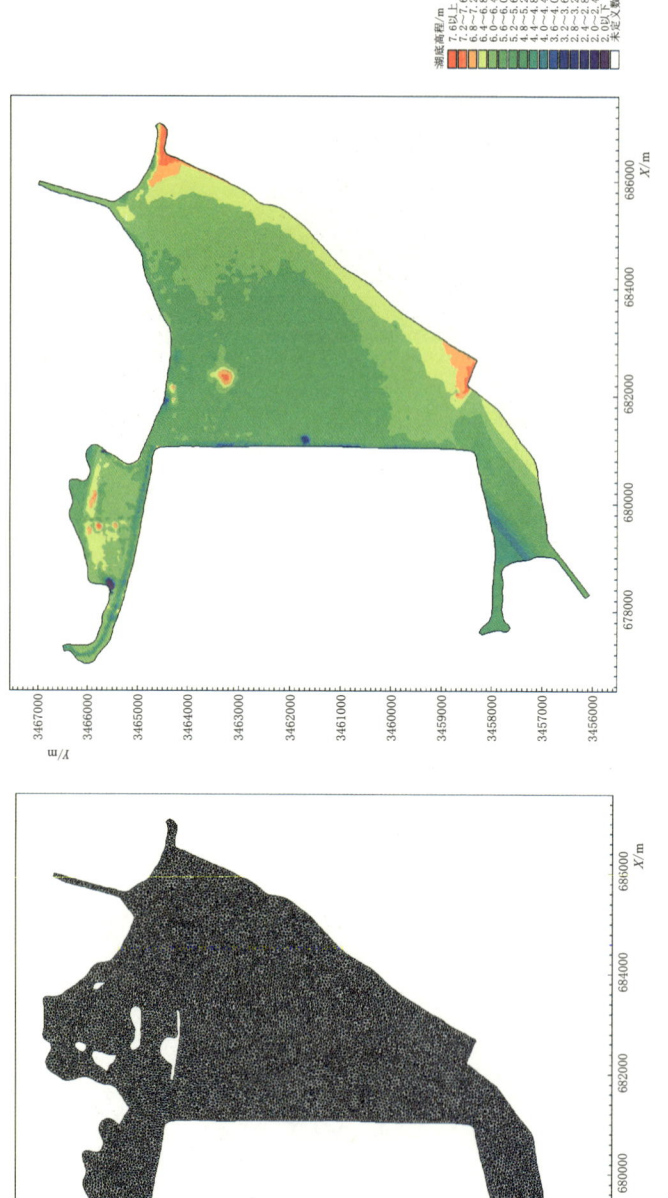

图 9.10 退圩还湖工程后模型网格概化图

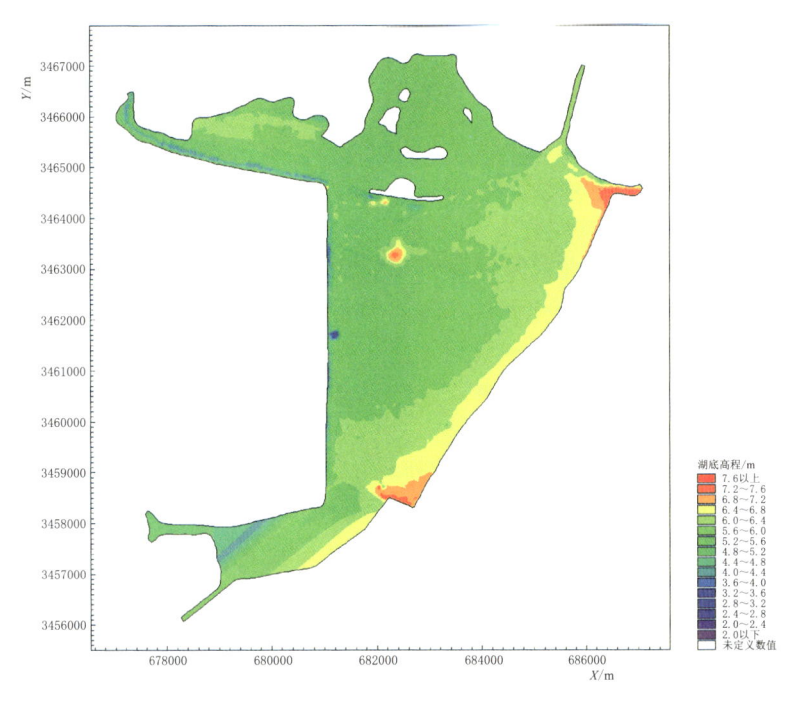

图 9.12　退圩还湖工程后模型地形概化图

9.2.2.3　边界条件

1. 初始条件

湖区水体水位按固城湖常水位控制，初始水位设置为 9.5m；示踪物浓度和年龄浓度初始值均设为 0；水质浓度按固城湖 2021 年 12 月枯季实际监测值给定，高锰酸盐指数、氨氮、总氮、总磷浓度分别为 3.6mg/L、0.06mg/L、1.33mg/L、0.013mg/L。

2. 气象条件

根据高淳区气象局提供的 1959—2017 年风速、风向统计表，年均风速 2.7m/s，常年以东北偏东风最多。

3. 水动力边界条件

固城湖枯水期来水量较小，主要为水碧桥河和漆桥河少量入流，官溪河和胥河因船闸开闸过流；模型中按枯季多年平均来水拟定水碧桥河、漆桥河入流分别为 5m³/s 和 0.5m³/s，官溪河和胥河出流按固城湖常水位 9.5m 控制。蟹塘养殖尾水一般在 11 月和 12 月枯水期两个月全部排入固城湖，排水量约 $0.3 \times 10^8 \text{m}^3$。

4. 水体交换能力计算边界条件

水碧桥河、漆桥河入流示踪物浓度设为 1，年龄浓度设为 0，其余的开边界示踪物浓度和年龄浓度均设为 0。

5. 水质边界条件

水碧桥河、漆桥河入流各污染物浓度按湖区 2021 年 12 月枯季实际监测值给定。养殖尾水高锰酸盐指数、氨氮、总氮、总磷浓度分别为 9.0mg/L、0.5mg/L、2.5mg/L、0.15mg/L。

9.2.2.4 模型参数

1. 水动力模型参数

为了反映水边线的变化，采用富裕水深法根据水位的变化连续不断的修正水边线，在计算中判断每个单元的水深，当单元水深大于富裕水深时，将单元开放，作为计算水域，反之，将单元关闭，置流速于零，模型中设置其干湿单元，其中完全干单元设置为 0.005m，完全湿单元为 0.10m。

模型糙率的取值范围为 0.030~0.035，深槽和滩地略有不同；紊动黏滞系数通过 Smagorinsky 方程进行求解获得。

2. 水质模型参数

此次模型中水质模型主要针对湖区的主要水质指标高锰酸盐指数、氨氮、总氮、总磷的综合扩散系数以及降解系数进行参数率定。

水体中，污染物的物理运动包括对流输移、分子扩散和紊动扩散，实质上是一个三维问题。对于河流湖泊而言，水深较浅，垂向尺度远小于横向尺度，会将实质上的三维问题简化为垂向平均的平面二维问题进行处理，对大型河网而言会进一步简化为横向平均的纵向一维问题，在这一处理过程中就导致了因为流速的垂向及横向分布不均而带来的离散。在数值模拟中，常将分子扩散系数、紊动扩散系数和离散系数合称为综合扩散系数。综合扩散系数是反映河流湖泊混合特性的重要参数，其主要受水流条件、断面特性及水体形态等因素的影响。本项目综合扩散系数采用如下公式计算：

$$E = a V^b \tag{9.18}$$

其中：a 取值为 3，b 取值为 1.2。

综合降解系数查阅其他相关研究成果综合选取获得，见表 9.1。

表 9.1　　　　　　　　固城湖水质模型综合降解系数表

水质指标	综合降解系数/d^{-1}	水质指标	综合降解系数/d^{-1}
高锰酸盐指数	0.01	总氮	0.001
氨氮	0.01	总磷	0.001

9.2.3 模型计算方案

通过模型计算，对比分析退圩还湖工程前后固城湖湖区的水动力变化状况，以及退圩还湖工程后养殖尾水排放对湖区水质的影响，为湖区退圩还湖工程提供科学依据，计算方案见表 9.2。

表 9.2　　　　　　　　　　计 算 方 案

序号	工程情况	水动力边界条件	水质边界条件
方案一	退圩还湖工程前	模型中按枯季多年平均来水拟定水碧桥河、漆桥河入流分别为 5m³/s 和 0.5m³/s，官溪河和胥河出流按固城湖常水位 9.5m 控制	—
方案二	退圩还湖工程后、小湖区清淤		—
方案三	退圩还湖工程后、小湖区清淤		蟹塘养殖尾水一般在 11 月和 12 月枯水期两个月全部排入固城湖，排水量约 0.3×10⁸m³

9.2.4　水动力模型计算结果与分析

采用构建好的固城湖湖区二维水动力数学模型，对退圩还湖前后的水动力分布状况进行计算分析。

9.2.4.1　退圩还湖前（方案一）水动力计算结果与分析

1. 方案一流速和流场分布

根据水动力数学模型计算，给出了现状方案流速和流场分布情况，如图 9.13、图 9.14 所示。从计算结果统计来看（见表 9.3），流速高于 0.02m/s 的水

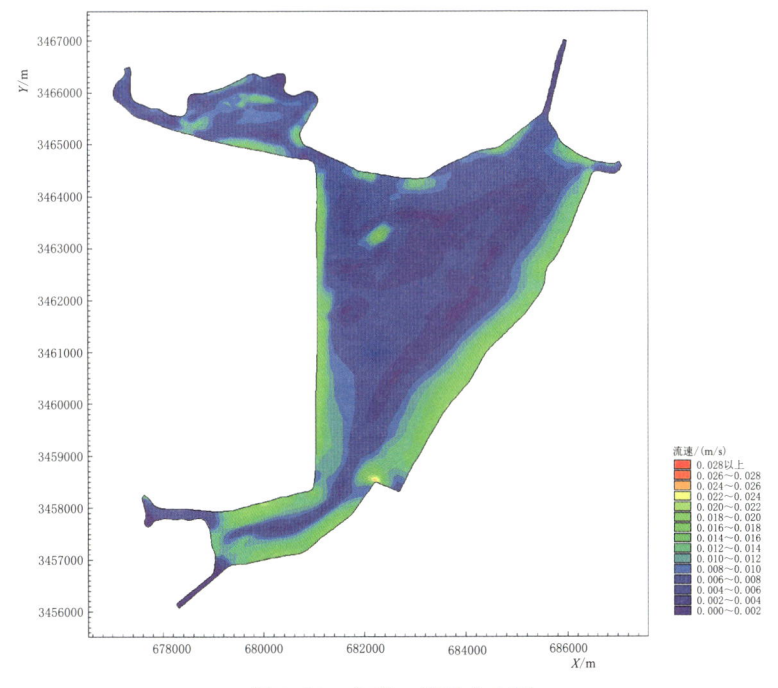

图 9.13　方案一流速分布图

域面积占总水域面积的0.39%；流速为0.01~0.02m/s的水域面积占总水域面积的27.78%；流速为0.005~0.01m/s的水域面积占总水域面积的37.12%；流速低于0.005m/s的水域面积占总水域面积的34.72%；流速高于0.01m/s的水域面积仅占总水体面积的28.17%。流速较大的区域主要分布在湖区的东西两岸，湖区中心流速则较小，总体上整个湖区枯季流速较小。

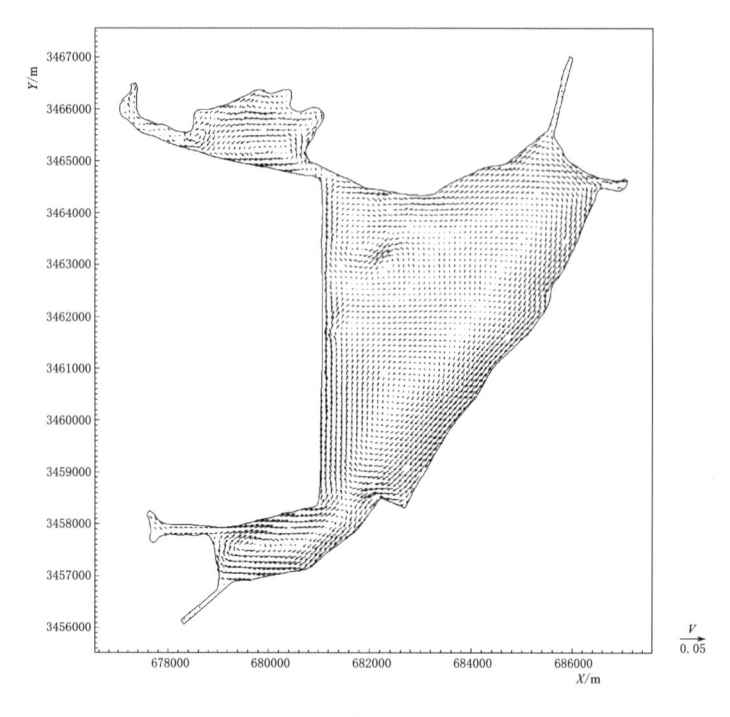

图9.14 方案一流场分布图

表9.3 方案一流速分布统计结果

流速/(m/s)	对应面积/m²	面积占比/%	累计占比/%
流速≤0.005	10.86	34.72	34.72
0.005＜流速≤0.01	11.61	37.12	71.83
0.01＜流速≤0.02	8.69	27.78	99.61
流速＞0.02	0.12	0.39	100.00

从空间分布上来看，受东北偏东风的影响，固城湖湖区在入湖河流和风生流的共同作用下，形成两个环流；其中水碧桥河来水因固城湖西岸一侧水深较大，受入流影响较大，经西岸往北在大湖区形成顺时针的湖流；大湖区部分来水进入小湖区后，在小湖区形成相反的逆时针的湖流，经官溪河出湖；漆桥河来水主要经胥河出湖。

2. 方案一水体交换时间

根据湖区水体交换时间模型计算，给出了方案一水体交换时间分布情况，如图 9.15 所示。从计算结果统计来看（见表 9.4），水体交换时间小于 30d 的水域面积占总水域面积的 4.77%；水体交换时间为 30~40d 的水域面积占总水域面积的 15.82%；水体交换时间为 40~50d 的水域面积占总水域面积的 34.69%；水体交换时间为 50~60d 的水域面积占总水域面积的 26.76%；水体交换时间超过 60d 的水域面积占总水域面积的 17.97%。总体上，水体交换时间在 50d 以内的区域仅占 55.28%，枯季固城湖水体交换时间较长。

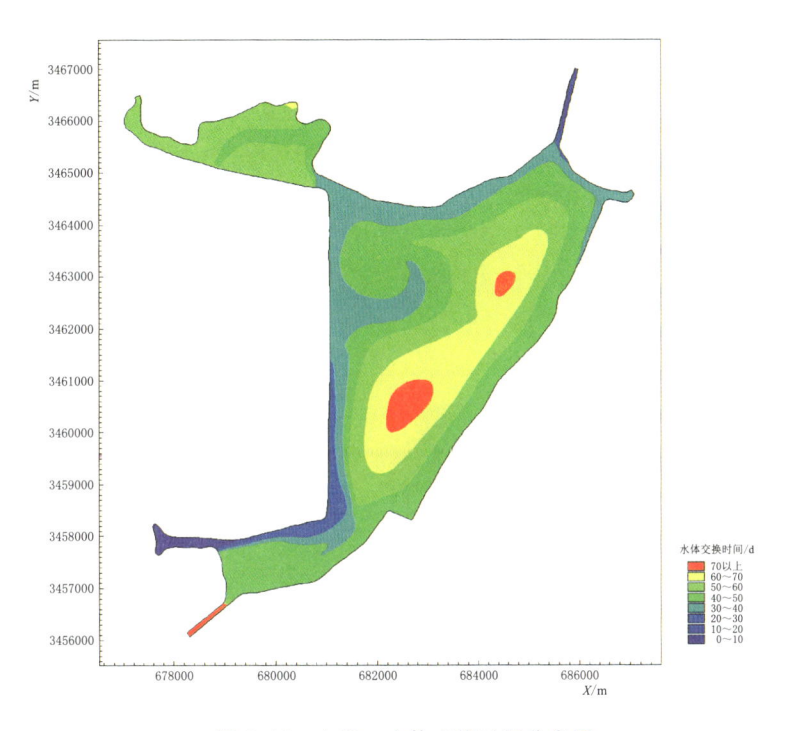

图 9.15 方案一水体交换时间分布图

表 9.4 方案一水体交换时间统计结果

水体交换时间/d	对应面积/m²	面积占比/%	累计占比/%
水体交换时间≤30	1.49	4.77	4.77
30＜水体交换时间≤40	4.95	15.82	20.59
40＜水体交换时间≤50	10.85	34.69	55.28
50＜水体交换时间≤60	8.37	26.76	82.03
水体交换时间＞60	5.62	17.97	100.00

从空间分布上来看，基本呈现离入湖河流越近水体交换时间越短的特点，水碧桥河和漆桥河入湖河口处水体交换时间基本在 10d 以内；受顺时针湖流影响，大湖区西岸、北岸沿岸水体交换时间基本为 30～40d，大湖区中心水体交换时间则较长为 40d 以上，中心湖区水体交换时间超过了 60d；小湖区的水体交换时间则为 40～60d 左右。

9.2.4.2 退圩还湖后（方案二）水动力计算结果与分析

1. 方案二流速和流场分布

根据水动力数学模型计算，给出了现状方案流速和流场分布情况，如图 9.16、图 9.17 所示。从计算结果统计来看（见表 9.5），流速高于 0.02m/s 的水域面积占总水域面积的 0.12%；流速为 0.01～0.02m/s 的水域面积占总水域面积的 18.08%；流速为 0.005～0.01m/s 的水域面积占总水域面积的 44.17%；流速低于 0.005m/s 的水域面积占总水域面积的 37.63%；流速高于 0.01m/s 的水域面积仅占总水体面积的 18.20%。与方案一类似，流速较大的区域主要分布在湖区的东西两岸，湖区中心流速则较小，退圩还湖区流速也较小基本在 0.01m/s 以内，总体上整个湖区流速较小。

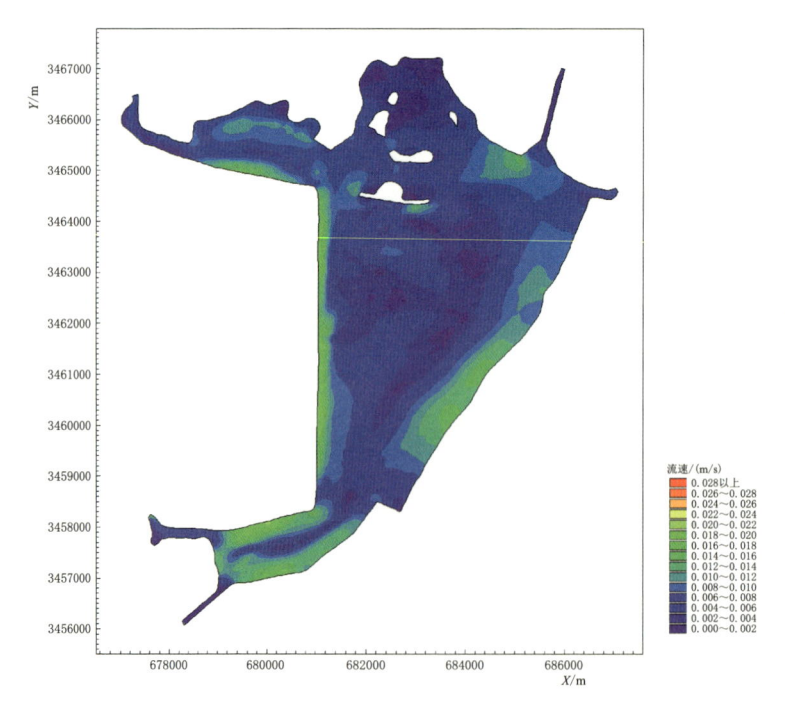

图 9.16 方案二流速分布图

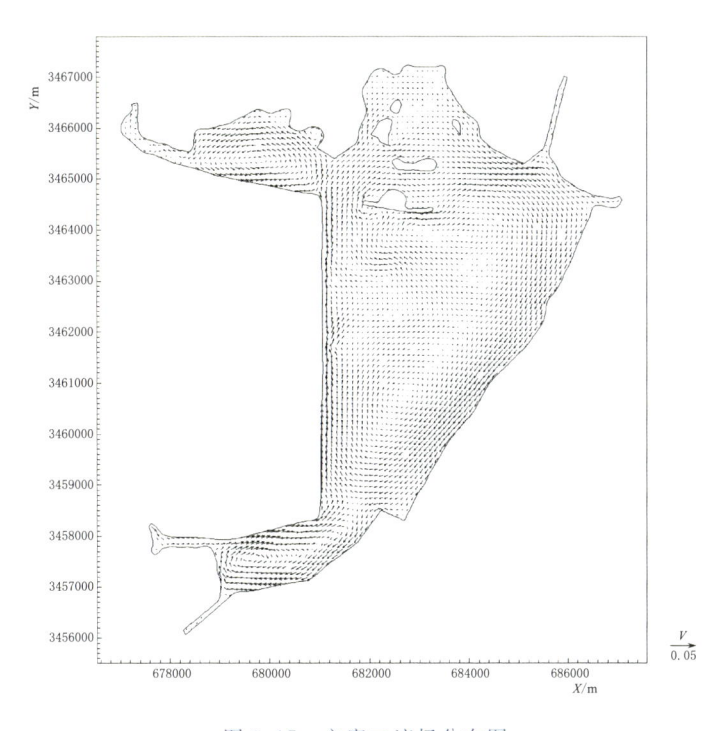

图 9.17　方案二流场分布图

表 9.5　　　　　　　　　　方案二流速分布统计结果

流速/(m/s)	对应面积/m²	面积占比/%	累计占比/%
流速≤0.005	14.19	37.63	37.63
0.005<流速≤0.01	16.66	44.17	81.80
0.01<流速≤0.02	6.82	18.08	99.88
流速>0.02	0.05	0.12	100.00

从空间分布上来看，退圩还湖工程后，湖区湖流与工程前基本一致，受东北偏东风的影响，固城湖湖区在入湖河流和风生流的共同作用下，形成两个环流；其中水碧桥河来水因固城湖西岸一侧水深较大，受入流影响较大，经西岸往北、连接退圩还湖在大湖区形成顺时针的湖流；其次大湖区部分来水进入小湖区后，在小湖区形成相反的逆时针的湖流，经官溪河出湖；漆桥河来水仍主要经胥河出湖。

2. 水体交换时间

根据湖区水体交换时间模型计算，给出了方案二水体交换时间分布情况，如图 9.18 所示。从计算结果统计来看（见表 9.6），水体交换时间小于 30d 的水域面积占总水域面积的 4.84%；水体交换时间为 30~40d 的水域面积占总水域面积的 12.95%；水体交换时间为 40～50d 的水域面积占总水域面积的 25.87%；水体交换时间为 50～60d 的水域面积占总水域面积的 27.23%；水体交换时间超过 60d 的水域面积占总水域面积的 29.11%。总体上，水体交换时间在 50d 以内的区域仅占 43.65%，在入湖水量相同，退圩还湖工程后在水域面积增加的情况下，枯季固城湖水体交换时间略有延长。

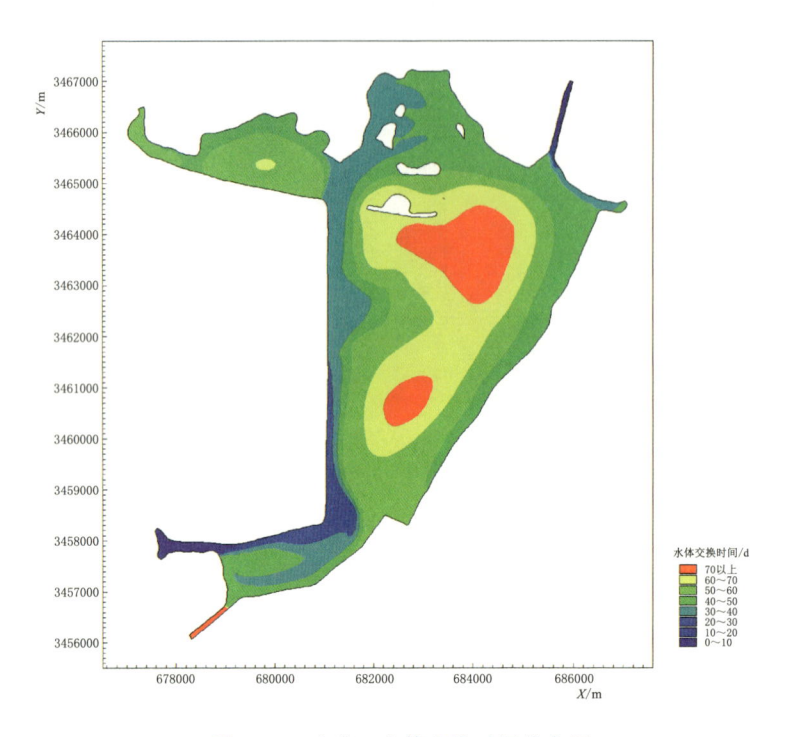

图 9.18　方案二水体交换时间分布图

表 9.6　　　　　　　　方案二水体交换时间统计结果

水体交换时间/d	对应面积/m²	面积占比/%	累计占比/%
水体交换时间≤30	1.82	4.84	4.84
30＜水体交换时间≤40	4.88	12.95	17.78
40＜水体交换时间≤50	9.76	25.87	43.65
50＜水体交换时间≤60	10.27	27.23	70.89
水体交换时间＞60	10.98	29.11	100.00

从空间分布上来看，与退圩还湖工程前分布趋势基本一致，呈现离入湖河流越近水体交换时间越短的特点。水碧桥河和漆桥河入湖河口处水体交换时间基本为 10d 以内；受顺时针湖流影响，大湖区西岸、北岸沿岸水体交换时间基

本为 30~40d，入湖水流大都沿西岸向北进入退圩还湖区，退圩还湖区水体交换时间则为 30~50d；中心湖区水体交换时间超过 60d 的面积则明显增加；小湖区的水体交换时间变化不大，仍为 40~60d 左右。

9.2.5 水质模型计算结果与分析

主要针对退圩还湖后，养殖尾水排放的情况下（方案三），进行水质数学模型分析。

1. 各污染物浓度场分布

根据水动力水质数学模型计算，给出了养殖尾水排放下，湖区高锰酸盐指数、氨氮浓度、总氮浓度、总磷浓度的空间分布情况如图 9.19~图 9.22 所示。从空间分布情况来看，主要受湖流的作用，养殖尾水排放影响主要分布在大湖区西岸、退圩还湖区沿岸区域，但小湖区整个湖区都受到养殖尾水的影响。其中高锰酸盐指数从 3.6mg/L 升高至 4.5mg/L 以上，氨氮浓度从 0.06mg/L 升高至 0.2mg/L 左右，总氮浓度从 1.33mg/L 升高至 1.6mg/L 左右，总磷浓度从 0.013mg/L 升高至 0.03mg/L 左右，在沿岸区域则形成明显的污染带。

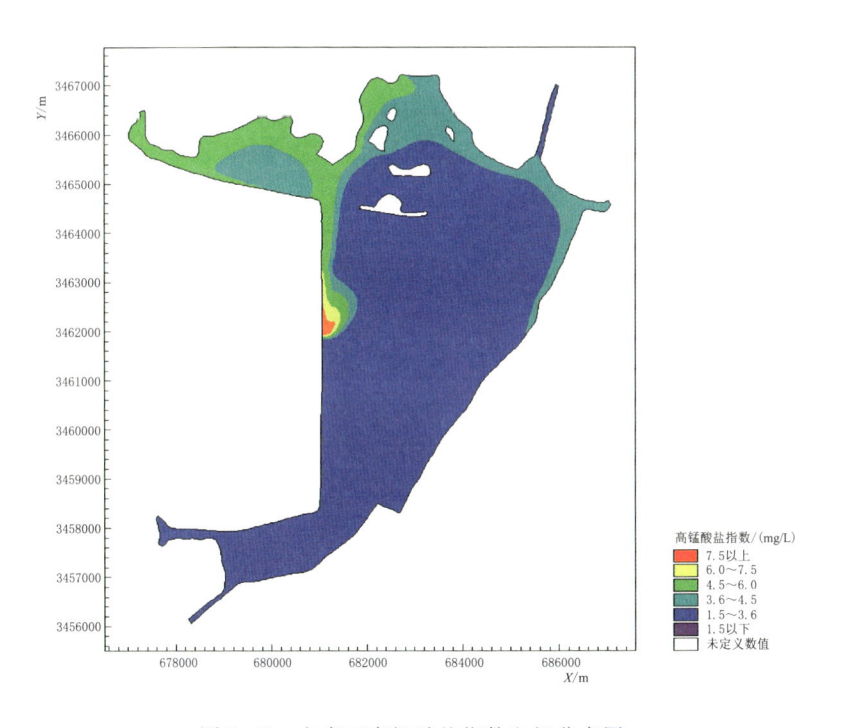

图 9.19　方案三高锰酸盐指数空间分布图

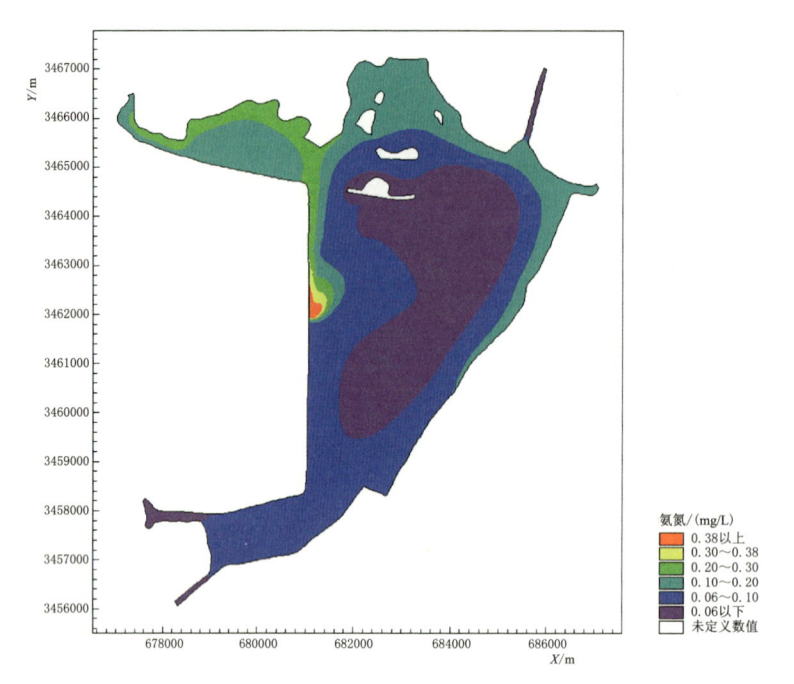

图 9.20　方案三氨氮浓度空间分布图

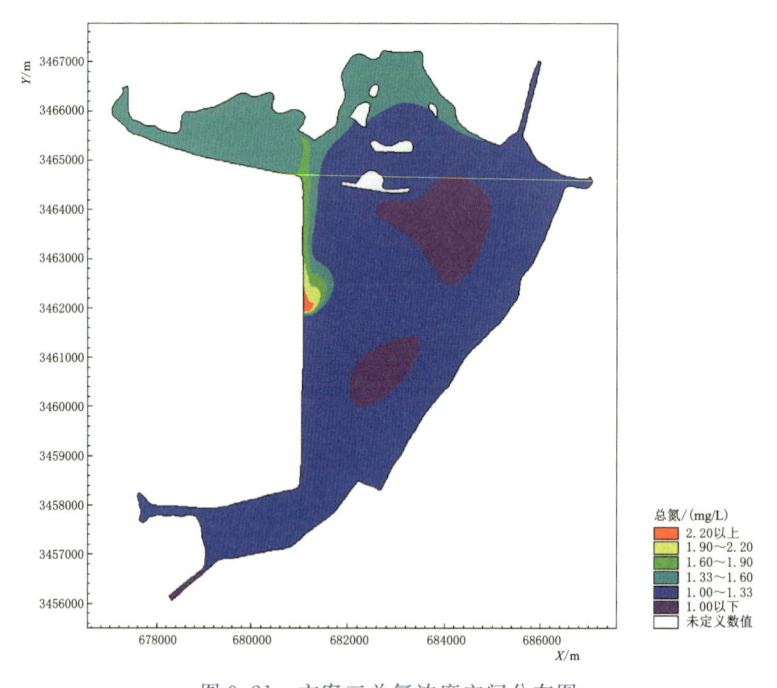

图 9.21　方案三总氮浓度空间分布图

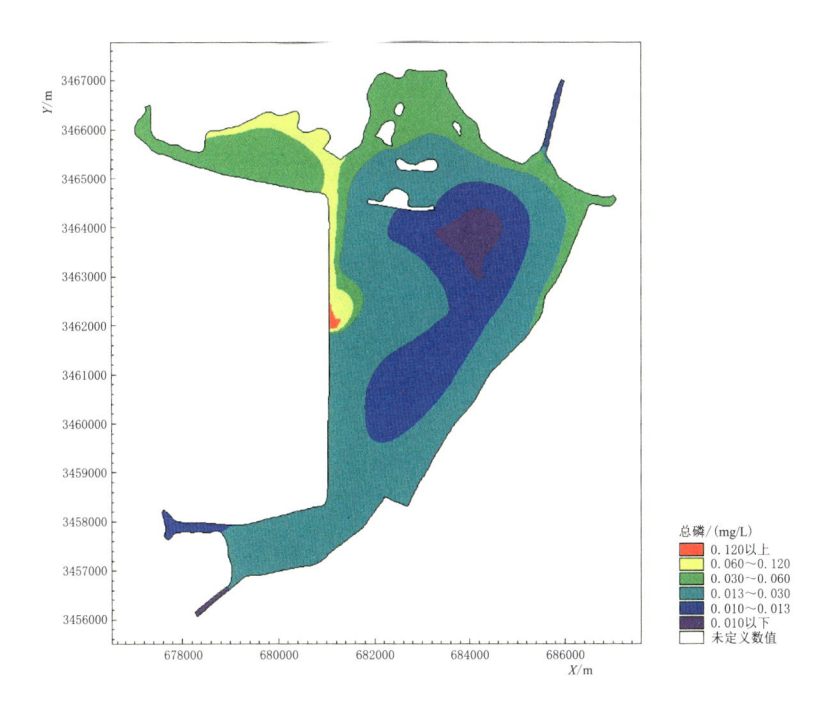

9.2 退圩还湖前后水动力与水质变化模拟研究

图 9.22 方案三总磷浓度空间分布图

2. 影响范围

从方案三计算结果统计来看（表 9.7），受养殖尾水排放污染物高浓度的影响，整个湖区高锰酸盐指数、总氮浓度超过 3.6mg/L、1.33mg/L 湖区背景浓度的面积占比分别达 25.50%、19.60%；其中氨氮和总磷浓度受尾水排放影响较大，超过 0.06mg/L、0.013mg/L 背景浓度的面积分别达 68.52%和 75.19%。

表 9.7　　　　　　方案三污染物浓度分布统计结果

水质指标/(mg/L)	对应面积/m²	面积占比/%
高锰酸盐指数＞3.6	9.62	25.50
氨氮＞0.06	25.85	68.52
总氮＞1.33	7.39	19.60
总磷＞0.013	28.36	75.19

同时分析了取水口的高锰酸盐指数、氨氮、总氮、总磷浓度的变化过程（图 9.23~图 9.24），由于取水口位置相对靠湖心区域，养殖尾水排放形成的高浓度区污染带对其影响较小，取水口处高锰酸盐指数、氨氮、总氮三种污染物浓度变化相对较小；但总磷浓度由于养殖尾水排放浓度相对较高，整体湖区总

磷浓度都有所升高，取水口处总磷浓度也会受到尾水排放的影响，因此在枯水期养殖尾水排放时要特别注意总磷浓度的变化情况，为取水水源的管理提供科学依据。

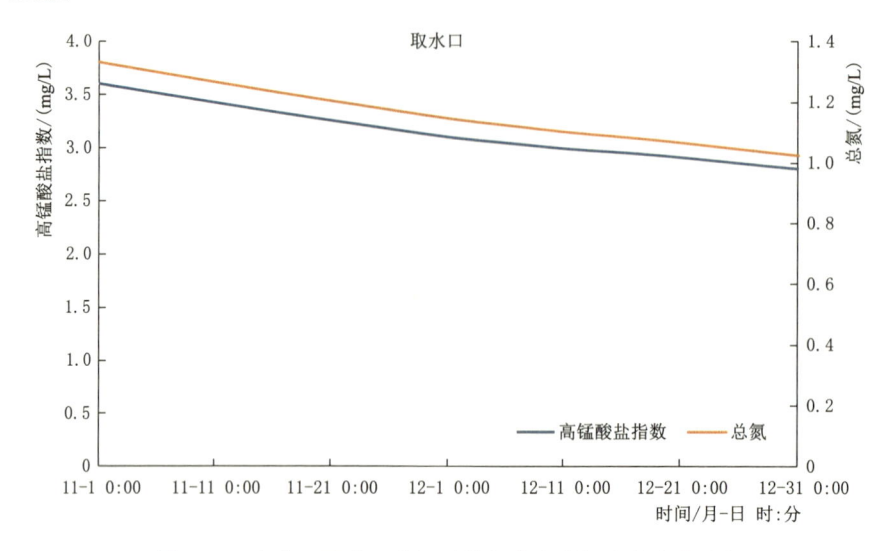

图 9.23　方案三取水口高锰酸盐指数和总氮浓度变化过程

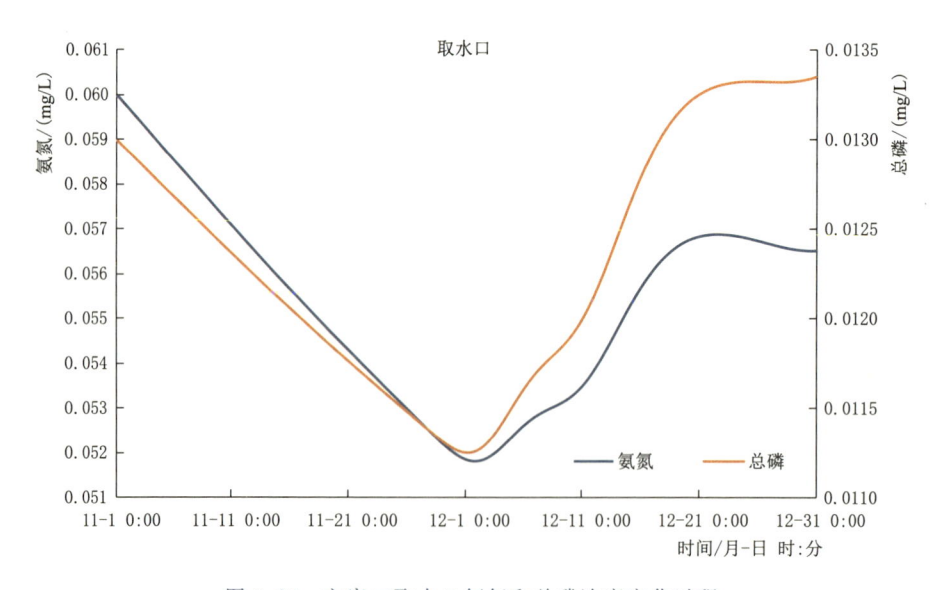

图 9.24　方案三取水口氨氮和总磷浓度变化过程

综上，受湖流的作用，养殖尾水排放影响主要分布在大湖区西岸、退圩还湖区沿岸区域，但小湖区整个湖区都受到养殖尾水的影响，在沿岸区域则形成明显的污染带。由于取水口位置相对靠湖心区域，养殖尾水排放形成的高浓度区污染带对其影响较小，取水口处高锰酸盐指数、氨氮、总氮三种污染物浓度变化相对较小；但总磷浓度由于养殖尾水排放浓度相对较高，整体湖区总磷浓度都有所升高，取水口处总磷浓度也会收到尾水排放的影响，因此在枯水期养殖尾水排放时要特别注意总磷浓度的变化情况，为取水水源的管理提供科学依据。

第 10 章

结 论 与 展 望

10.1 结论

10.1.1 水空间

2021年固城湖水域面积30.96km²，较往年无变化，自由水面率为99.1%，较2020年自由水面率增加1.1%，从数十年水空间管理数据来看，固城湖水空间管控一直较好，维持在较高水平。

10.1.2 水资源

2021年固城湖主要控制站入湖水量3.026亿m³，出湖水量2.105亿m³。本地降水、杨家湾闸、水碧桥闸、蛇山抽水站是入湖水量的主要来源。

由于周边杨家湾节制闸、蛇山抽水站等主要水工建筑物的控制，固城湖2021年水位与多年平均水位相比，变化不大；全年水位均超过生态水位，满足生态用水需求。

10.1.3 水生态

1. 水质

2021年固城湖湖区水质的主要污染仍然是总氮、总磷，综合营养状态指数基本处于轻度富营养状态，与数十年监测结果相一致；枯水期养殖尾水排放时，容易形成总磷高浓度区污染带。

2. 底泥

固城湖底泥沉积物总氮含量较高，其内源污染物释放会直接影响湖区水质，沉积物总氮营养盐总体水平有待进一步削减。

3. 高等水生植物

固城湖水生高等植物覆盖度整体处于较低水平，水生植物种类较为单一，与历史数据相比，水生植物呈现衰退的趋势。

4. 水生生物

固城湖浮游植物中蓝藻门、绿藻门仍是浮游植物群落中的优势类群，在夏季密度明显升高；浮游动物中原生动物、轮虫、枝角类和桡足类是浮游动物群落的主要类群，在夏秋季节的密度较高；底栖动物群落中摇蚊幼虫的密度占据绝对优势，软体动物的生物量占据绝对优势，但整体上在不同时间、空间上差异性不大；鱼类鲤形目占绝对优势，与历史数据对比，种类减少幅度明显。总体来看，水生动植物资源种类减少，呈现小型化现象。

10.1.4 水动力

枯水期固城湖整体流速较小，大多流速低于0.01m/s；退圩还湖工程后，湖区湖流与工程前基本一致，受东北偏东风的影响，固城湖湖区在入湖河流和风生流的共同作用下，形成两个环流；其中水碧桥河来水因固城湖西岸一侧水深较大，受入流影响较大，经西岸往北、连接退圩还湖区在大湖区形成顺时针的湖流；其次大湖区部分来水进入小湖区后，在小湖区形成相反的逆时针的湖流，经官溪河出湖；漆桥河来水主要经胥河出湖。

水体交换时间为50d以内的区域仅占50%左右，受顺时针湖流影响，大湖区西岸、北岸沿岸水体交换时间基本为30~40d，入湖水流大都沿西岸向北进入退圩还湖区，退圩还湖区水体交换时间则为30~50d；中心湖区水体交换时间超过60d的面积则明显增加；小湖区的水体交换时间变化不大，仍为40~60d左右，整体上固城湖枯季水体交换时间较长，可通过合理的引调水调度方案，适当减少湖区的水体交换时间，有利于湖区水环境质量的进一步提升。

10.2 展望

10.2.1 以"习近平生态文明思想"为指导，实施"固城湖系统化治理"

坚持统筹山水林田湖草系统治理，是我国生态文明建设的系统观念。习近平总书记指出："生态是统一的自然系统，是相互依存、紧密联系的有机链条。"统筹山水林田湖草沙系统治理，深刻揭示了生态系统的整体性、系统性及其内在发展规律，为全方位、全地域、全过程开展生态文明建设提供了方法论指导。必须从系统工程和全局角度寻求固城湖新的治理之道，更加注重综合治理、系统治理、源头治理，实施好生态保护修复工程，加大生态系统保护力度，提升固城湖生态系统稳定性和可持续性。

1. 山

固城湖东部有花山、九龙山依衬，对山的治理要注重与固城湖景观的融合，积极推进"一山一册"的编制与更新工作，统筹实施山体结构破损治理与修复、土壤治理与修复、植被修复等工程，积极打造山体生态绿脉，铺就"山明水净夜来霜，数树深红出浅黄"的诗意固城湖画卷。

2. 水

（1）水体营养盐。目前固城湖水体处于轻度富营养状态，主要受氮磷污染的影响，其中水产养殖对水体的氮磷污染占比较大，建议合理控制固城湖周边养殖规模，调整养殖布局，减少水体污染负荷；探索在安徽段建立生态湿地，通过湿地来拦截污染源，削减水体营养盐，提升水环境。

（2）底泥营养盐。固城湖多年未进行清淤，底泥沉积物总氮和有机物含量相对较高，建议实施全湖生态清淤，减少内源污染。

（3）高等水生植物。固城湖水生高等植物资源整体处于较低水平，建议根据水生高等植物的形态、生长方式等合理打捞水生高等植物；优化固城湖硬质驳岸，在固城湖相对较浅水域种植优质净水水生植物品种（如金鱼藻），同时恢复和重建苦草、黑藻等优势种群；探索"水下森林"的打造，构建良性循环的生态系统。

（4）水生生物。固城湖水生生物资源种类较少、多样性较低，建议按照固城湖重要水生生物及生态系统自然属性，因地制宜采取不同的保护与恢复措施，改善河湖、湿地滩涂等水生生物栖息环境，强化水生生物珍稀物种、重要渔业资源物种栖息地管理，减少人类干扰，构建水生生物多样性保护网络；综合运用水生生物就地与迁地保护、增殖放流、栖息地修复等技术手段，系统推进水生生物多样性保护。

（5）水动力。固城湖水闸多数处于关闭状态，水体交换性相对较差，蓝藻已多年成为固城湖浮游植物的优势种，建议改善水动力条件，增加开闸换水次数，降低蓝藻水华的爆发风险。

3. 林

固城湖应结合水景观，按照宜封则封、宜造则造，宜保则保、宜用则用、宜乔则乔、宜灌则灌的原则，在周边圩区内科学造林，合理配置植被，建立滨湖森林长廊，着力提高生态系统自我修复能力，增强生态系统稳定性。

4. 田

固城湖水体污染源主要为氮磷，应组织固城湖及入湖河道沿线的乡镇，编制种植专项规划，实施生态农业，引导农民科学施肥；建立生态拦截沟渠，收集面源污染径流，减少对固城湖水体污染的影响；研究农药等污染物多尺度多介质输移过程和转归机制，突破农牧业生产中面源污染控制技术，构建小流域污染综合治理及生态环境恢复模式。

5. 草

布局林草生态综合治理重大工程项目，科学推进湖区绿化、退圩还草、滨湖湿地保护与恢复，高质量推进湖区绿化，发挥生态保护修复主力军作用。

10.2.2 以"流域化管理模式打造"为契机，复苏固城湖生态环境

流域是重要的自然地理单元，也是自然生态系统中能量流、物质流的重要载体，流域内的水文、植被、土壤等各个自然要素具有"牵一发动全身"的特点。如果只关注下游生态治理，不重视上游的源头治理，就会产生"多米诺骨牌"效应，使治理成果功亏一篑。只有把流域作为一个整体或一个系统来进行综合管理，才能取得事半功倍的效果。

复苏固城湖生态环境，研究建立流域化管理模式是大势所趋的，深刻认识水在生态单元形成中的重要作用，依据流域层级关系逐级全面覆盖，从区域管理走向流域管理，坚持上溯下延、系统管理，有利于最大限度地保持生态系统的完整性和自然地理单元的连续性。

10.2.3 以"科技赋能固城湖"为支撑，构建"空—地—潜"一体化数字孪生系统

现代化监测评价体系是生态治理体系和治理能力现代化的重要组成部分，是编制生态治理规划、监测工程进展、评估生态建设效果的重要手段。要推动新一代信息技术与水域状况保护融合发展，加强互联网、大数据、物联网、云计算、人工智能等先进技术在固城湖水域保护和治理领域的应用，构建"空—地—潜"一体化监测体系和大数据平台，开展固城湖周边山水林田草生命共同体承载能力、适宜性、脆弱性、敏感性评价，构建生态系统变化发展预测模型，模拟预测未来气候情境、社会经济情境和政策制度情景下的固城湖生态安全格局。运用遥感技术、全球定位技术、地理信息系统技术、数据库技术和网络技术等高新技术手段，实现科学高效、综合灵敏、方便实用的信息采集，开展多目标、多层次、全方位的综合评价；通过先进的全息渲染以及结合眼动、手势的多模态交互技术，打造系统化、网络化、智能化的沉浸式数字孪生可视化平台，全面提升信息采集处理能力、综合评价能力、适时监控能力、快速应对能力、生态和防洪减灾等预测预警能力，动态实时监测固城湖水域状况，为固城湖水域保护和治理策略提供科学依据，铸牢固城湖水生态、水安全屏障。

10.2.4 以"固城湖先行先试"为手段，打造江南水乡生态画卷样板

固城湖要大力实施"生态立湖"战略，积极推动自然资源价值重构、发展方式绿色转型，围绕"完善生态补偿和生态产品价值实现机制"开展先行探索，

建立基于生态系统完整性和生态系统服务提升的生态保护和修复工程综合绩效评估技术体系；发展生态产品价值与生态系统生产总值核算的技术体系；重点研发不同类型生态服务产品的开发技术，探索重点生态功能地区生态保护与经济社会协调发展模式；建立保护者受益、使用者付费、破坏者赔偿导向的生态产品价值评估平台，开发基于生态产品与服务关联的跨区域生态补偿厘定技术；以高淳的"三山两水五分田"为特色，从制度、技术、管理上敢于创新创优，先行先试，着力打造江南水乡生态画卷湖泊样板。

参 考 文 献

[1] 薛滨，姚书春. 大湖迷踪：丹阳湖的传说［J］. 地球，2021（1）：66-69.

[2] 江苏省水利科学研究院. 2020年度固城湖健康状况评估［R］：南京：江苏省水利厅，2020.

[3] 黄金凤，宋云浩，董庆华. 南京市高淳区城市水网水环境改善模拟研究［J］. 中国农村水利水电，2020（5）：68-72，83.

[4] 马祥中，闫浩，胡尊乐，等. 固城湖南河补水调度方案研究［J］. 江苏水利，2018（10）：49-53.

[5] 南京市水利规划设计. 江苏省固城湖保护规划［R］. 南京：江苏省水利厅，2022.

[6] 孙勇，王亚平，陆晓平，等. 对南京石臼湖固城湖水环境治理的措施建议［J］. 中国水利，2015（16）：38-40.

[7] 方国华，刘羽，黄显峰. 南京市固城湖饮用水源地保护措施对策［J］. 水利经济，2014，32（3）：45-47，77.

[8] 南京水利科学研究院. 高淳区固城湖"一湖一册"行动计划（修编本）［R］. 南京：高淳区水务局，2021.

[9] 陆晓平，郭刘超，胡晓东，等. 湖长制下石臼湖固城湖水生态环境保护研究［M］. 南京：河海大学出版社，2020：93-94.

[10] 贾冰婵，张鸣，武娟，等. 固城湖及其退圩还湖区表层沉积物重金属分布特征及生态风险评价［J］. 中国环境科学，2022（6）：1-17.

[11] 高士佩，梁文广，王冬梅，等. 遥感技术在江苏水域面积监测中的应用［J］. 长江科学院院报，2017，34（7）：132-135.

[12] 杨树滩，仲兆林，华萍. 江苏省适宜水面率研究［J］. 长江科学院院报，2012，29（7）：31-34.

[13] 华萍，杨树滩，赵立梅. 江苏省现状水面率调查及分析［J］. 江苏水利，2011（11）：36-37.

[14] 王伟，周延萍，王睿. 基于SPOT卫星影像的水域特征提取［J］. 测绘与空间地理信息，2010，33（2）：99-100.

[15] 崔辉琴. 基于数学形态学的遥感影像水域提取方法［J］. 测绘科学，2006，31（1）：22-24.

[16] 兰林，张明，张根林. 江苏省水利工程普查主要成果分析［J］. 江苏水利. 2013（4）：20-22.

[17] 江苏省水利科学研究院. 2021年度固城湖水生态监测报告［R］. 南京：江苏省水利厅，2021.

[18] 江苏省水利科学研究院. 2020年度固城湖水生态监测报告 [R]. 南京：江苏省水利厅，2020.

[19] 江苏省质量技术监督局. 湖泊水生态监测规范：DB32/T 3202—2017 [S]. 2017.

[20] 郭刘超，吴苏舒，樊旭，等. 高邮湖各生态功能区后生浮游动物群落特征及水质评价 [J]. 水生态学杂志，2019，40（6）：7.

[21] 魏文志，付立霞，陈日明，等. 高邮湖水质与浮游植物调查及营养化状况评价. 长江流域资源与环境 [J]，2010，19（1）：106-110.

[22] 杨美玲，胡忠军，刘其根，等. 利用综合营养状态指数和修正的营养状态指数评价千岛湖水质变化（2007—2011）[J]. 上海海洋大学学报，2013，22（2）：240-245.

[23] 王明翠，刘雪芹，张建辉. 湖泊富营养化评价方法及分级标准 [J]. 中国环境监测，2002，18（5）：45-49.

[24] 张雷，秦延文，郑丙辉，等. 环渤海典型海域潮间带沉积物中重金属分布特征及污染评价 [J]. 环境科学学报，2011，31（8）：1676-1684.

[25] 匡帅，保琦蓓，康得军，等. 典型小型水库表层沉积物重金属分布特征及生态风险 [J]. 湖泊科学. 2018（2）：336-348.

[26] 包先明，晁建颖，尹洪斌. 太湖流域涡湖底泥重金属赋存特征及其生物有效性 [J]. 湖泊科学. 2016（5）：1010-1017.

[27] 李志清，吴苏舒，郭刘超，等. 石臼湖表层沉积物营养盐与重金属分布及污染评价 [J]. 水资源保护，2020，36（2）：73-78.

[28] 吴苏舒，王俊，郭刘超，等. 长荡湖水生态系统 [M]. 南京：河海大学出版社，2020：9-13.

[29] 周萍，陆晓平，郭刘超，等. 2021年石臼湖固城湖湖泊管理年报 [R]. 南京：江苏省水利厅，2021.

[30] 江苏省水利科学研究院. 2012—2020年固城湖水生态监测报告 [R]. 南京：江苏省水利厅，2020.

[31] 曾庆飞，谷孝鸿，毛志刚，等. 固城湖及上下游河道富营养化和浮游藻类现状 [J]. 中国环境科学，2012，32（8）：1487-1494.

[32] 赵红叶，孔一江. 固城湖水生植物的组成现状和动态变化研究初探 [J]. 环境监控与预警，2013，5（2）：46-49.

[33] 董哲仁. 河流形态多样性与生物群落多样性 [J]. 水利学报，2003（11）：6.

[34] 雷泽湘，徐德兰，顾继光，等. 太湖大型水生植物分布特征及其对湖泊营养盐的影响 [J]. 农业环境科学学报，2008，27（2）：7.

[35] 周婕，曾诚. 水生植物对湖泊生态系统的影响 [J]. 人民长江，2008，39（6）：4.

[36] 章宗涉，黄昌筑. 固城湖生物资源利用和富营养化控制的研究 [J]. 海洋与湖沼，1996，27（6）：651-656.

[37] 谷孝鸿，范成新，杨龙元，等. 固城湖冬季生物资源现状及环境质量与资源利用评价 [J]. 湖泊科学，2002，14（3）：283-288.

[38] 金相灿，屠清瑛. 湖泊富营养化调查规范 [M]. 北京：中国环境科学出版社，1990：52-95.

[39] 杨晓曦，刘凯，刘燕，等. 淮河中游浮游植物群落结构时空格局及影响因子 [J]. 长江流域资源与环境，2022，31（10）：2207-2217.

[40] HARRIS G P. Phytoplankton Ecology：Structure，Function and Fluctuation. London：Springer Science and Business Media [J]. 2012：35-36.

[41] GUO K，WU N，WANG C，et al. Trait dependent roles of environmental factors，spatial processes and grazing pressure on lake phytoplankton metacommunity [J]. Ecological Indicators，2019，103：312-320.

[42] WILHM J L. Use of biomass units in shannons formula [J]. Ecology，1968，48：153-155.

[43] MAGNUSSEN S，BOYLE T J B. Estimating sample size for inference about the Shannon-Weaver and the Simpson indices of species diversity [J]. Forest Ecology and Management，1995，78 (1)：71-84.

[44] BEISEL J N，MORETEAU J C. A simple formula for calculating the lower limit of Shannon's diversity index [J]. Ecological Modeling，1997，99 (2)：289-292.

[45] GOMAR D A，NIETO MHG. Several results of Simpson diversity indices and exploratory data analysis in the Pielou model [J]. Ecosystems and Sustainable Development V，2005：145-154.

[46] 熊莲，刘冬燕，王俊莉，等. 安徽太平湖浮游植物群落结构 [J]. 湖泊科学，2016，28 (5)：1066-1077.

[47] 贺树杰，苟金明，尹娟，等. 黄河干流宁夏段浮游动物群落结构及其与水环境因子的关系 [J]. 水电能源科学，2022，40 (10)：66-69，18.

[48] 范林洁，胡晓东，王春美，等. 白马湖浮游动物生态位及其生态分化影响因子 [J]. 水生态学杂志，2022，43 (5)：59-66.

[49] 林志，万阳，徐梅，等. 淮南迪沟采煤沉陷区湖泊后生浮游动物群落结构及其影响因子 [J]. 湖泊科学，2018，30 (1)：171-182.

[50] 刘俏，刘智旸，王江滨，等. 福建山美水库浮游动物群落结构时空特征及其影响因子分析 [J]. 湖泊科学，2022，34 (6)：2039-2057.

[51] MEHNER T，PADISAK J，KASPRZAK P，et al. A test of food web hypotheses by exploring time series of fish，zooplankton and phytoplankton in an oligo-mesotrophic lake [J]. Limnologica，2008，38 (3)：179-188.

[52] WANG L Z，LIANG J，ZHAO K，et al. Metacommunity structure of zooplankton in river networks：Roles of environmental and spatial factors [J]. Ecological Indicators，2017，73：96-104.

[53] 刘爱玲，黄绵达，刘旻璇，等. 八里湖大型底栖动物群落结构及水质生物学评价 [J]. 人民长江，2022，53 (10)：37-44.

[54] 李晋鹏，董世魁，彭明春，等. 梯级水坝运行对漫湾库区底栖动物群落结构及分布格局的影响 [J]. 应用生态学报，2017，28 (12)：8.

[55] 俞乃琪，张敏，樊仕宝，等. 深圳市城市区域内典型生境特征溪流大型底栖动物群落结构比较 [J]. 应用与环境生物学报，2022，28 (4)：1034-1041.

[56] 祝超文，张虎，袁健美，等. 南黄海潮间带大型底栖动物群落组成及时空变化 [J]. 上海海洋大学学报，2022，31 (4)：950-960.

[57] 陆文泽，任仁，饶骁，等. 太湖流域城市湖泊大型底栖动物群落结构及影响因素研究 [J]. 水生态学杂志，2022，43 (4)：8-15.

[58] 何千韵，张敏，樊仕宝，等. 深圳市大鹏新区国家地质公园源头溪流大型底栖动物群落多样性 [J]. 生态学杂志：2022, 11 (7)：1-13.

[59] 李正飞，蒋小明，王军，等. 雅鲁藏布江中下游底栖动物物种多样性及其影响因素 [J]. 生物多样性，2022, 30 (6)：123-135.

[60] 纪莹璐，王尽文，张乃星，等. 日照市近海大型底栖动物群落结构和生物多样性 [J]. 上海海洋大学学报，2022, 31 (1)：119-130.

[61] 赵伟华，杜琦，郭伟杰. 基于底栖动物多样性恢复的减脱水河段生态流量核算 [J]. 水生态学杂志，2020, 41 (5)：49-54.

[62] 王清华，邢苏州，陈红军，等. 固城湖渔业生物资源现状与多样性分析 [J]. 水产养殖，2019, 40 (4)：12-18.

[63] 刘鹏飞，景丽，任泷，等. 固城湖鱼类群落结构现状及其与环境因子的关系 [J]. 大连海洋大学学报，2022 (5)：841-849.

[64] 谷孝鸿，范成新，杨龙元，等. 固城湖生物资源潜力及其生态渔业探讨 [J]. 生态与农村环境学报，2003 (1)：8-12.

[65] 陆晓平，张继路，夏正创. 南京石臼湖固城湖水生态监测及修复措施探讨 [J]. 中国水利，2017 (15)：37-39.

[66] HECTOR A，BAGCHI R. Biodiversity and ecosystem multifunctionality [J]. Nature，2007, 448 (7150)：188-190.

[67] 谭青松，吴凡，杜浩，等. 饲料养殖对亲鱼生殖性能的影响研究进展 [J]. 水生态学杂志，2016, 34 (4)：3-9.

[68] 晏磊，谭永光，杨吝，等. 南海珠江口沿岸张网渔业资源群落结构分析 [J]. 生物学杂志，2015 (5)：52-57.

[69] 唐广隆，刘永，吴鹏，等. 珠江口万山群岛海域春季渔业资源群落结构特征及其与环境因子的关系 [J]. 中国水产科学，2022, 29 (8)：1198-1209.

[70] 耿喆，王扬，戴小杰，等. 种群模拟在渔业资源评估中的研究现状及展望 [J]. 中国水产科学，2022, 29 (8)：1236-1245.

[71] 陈治，王海山. 基于问卷调查法分析渔业资源生物学课程不同授课方式的效果差异 [J]. 智慧农业导刊，2022, 2 (15)：27-31.

[72] 江苏省海洋湖沼学会. 海洋湖沼研究文集 [M]. 南京：江苏科学技术出版社，1986.

[73] 倪勇，伍汉霖. 江苏鱼类志 [M]. 北京：中国农业出版社，2006：1-963.

[74] 陆月莲. 南京固城湖的水生生物资源及其合理利用 [J]. 农村生态环境，1992 (1)：9-13.

[75] 戴小琳. 固城湖退圩还湖专项规划获省政府批复 [J]. 江苏水利，2014 (4)：9-10.

[76] 南京市水利规划设计研究院. 固城湖退圩还湖实施方案 [R]. 南京：江苏省水利厅，2018.

[77] 尤佳艺，逄勇，孙娇娇，等. 退圩还湖对固城湖水环境改善影响研究 [J]. 四川环境，2020, 39 (1)：74-80.

[78] 潘鑫鑫，侯精明，陈光照，等. 基于K近邻和水动力模型的城市内涝快速预报 [J]. 水资源保护，2022, 11 (1)：1-17.

[79] 舒逸秋. 基于水动力模型的石马河水闸联合调度运行管理研究 [J]. 地下水，2022, 44 (5)：302-304.

[80] 陆洪亚，余文忠，孙传文，等．二维水动力模型在柴米河航道通航安全中的应用［J］．中国水运（下半月），2022，22（9）：37-38，41．

[81] 康志伟．佛山市高明区洪水风险水动力模型构建及预警［J］．水科学与工程技术，2022（4）：10-14．

[82] 田娟，朱青．巢湖流域水动力模型及防洪方案调算［J］．水利规划与设计，2022（9）：36-40，112，117．

[83] 张文晴，侯精明，王俊珲，等．耦合 NSGA-Ⅱ算法与高精度水动力模型的 LID 设施优化设计方法研究［J］．水资源与水工程学报，2022，33（4）：133-142．

[84] 张善亮．基于水文水动力耦合模型的钱塘江流域洪水预报研究［J］．水利水电快报，2022，43（7）：25-32．

[85] 郭江华，孔令臣，张庆河，等．二维间断有限元水动力模型与波浪模型实时耦合研究［J］．水道港口，2022，43（3）：289-295，327．

[86] 袁行知，许雪峰，俞亮亮，等．基于水动力水质模型的平原河网排污模拟分析［J］．中国农村水利水电，2022，11（7）：1-16．

[87] 胡婷婷，徐刚，苏东旭，等．基于 HEC-RAS 的梧桐山河流域水质模拟及应用［J］．水文，2022，42（3）：37-42．

[88] 刘李爱华，蒋青松，毛国柱，等．模型参数与边界条件对滇池水质变化的全局敏感性分析［J］．环境科学学报，2022，42（5）：384-394．

[89] 张阳，冼慧婷，赵志杰．基于空间相关性和神经网络模型的实时河流水质预测模型［J］．北京大学学报（自然科学版），2022，58（2）：337-344．

[90] 徐兆静．基于一维水质模型的平原河网水环境容量计算［J］．人民黄河，2021，43（S2）：113-114．

[91] 陈丽娜，韩龙喜，谈俊益，等．基于多断面水质达标的河网区点面源污染负荷优化分配模型［J］．水资源保护，2021，37（6）：128-134，141．